数字电路设计实验

主　编　李　滔

副主编　林华杰

西北工業大學出版社

西　安

【内容简介】本书根据学生的知识认知规律，围绕 FPGA 技术学习的完整流程展开，其内容涵盖 FPGA 技术概述、VHDL 语言基本知识、FDGA 开发软件环境、基础实验部分、综合实验部分，以及 FPGA 开发板结构与基本参数等。本书强调设计方案的可观测性、贯彻代码的可扩展性与可重用性等设计要求，通过对系统设计中出现问题的细致观察与分析来寻找解决方案，以培养学生形成自顶向下的现代设计理念，以及细致扎实的工作作风。

本书可作为高等院校电子信息类及相关专业本科生的教材，也可供科研人员参考。

图书在版编目(CIP)数据

数字电路设计实验/李滔主编. —西安：西北工业大学出版社，2021.3

ISBN 978-7-5612-7687-7

Ⅰ.①数… Ⅱ.①李… Ⅲ.①数字电路-电路设计 Ⅳ.①TN79

中国版本图书馆 CIP 数据核字(2021)第 064591 号

SHUZI DIANLU SHEJI SHIYAN

数 字 电 路 设 计 实 验

责任编辑：朱辰浩 **策划编辑**：杨 军

责任校对：王 尧 **装帧设计**：李 飞

出版发行：西北工业大学出版社

通信地址：西安市友谊西路 127 号 邮编：710072

电 话：(029)88491757，88493844

网 址：www.nwpup.com

印 刷 者：陕西向阳印务有限公司

开 本：787 mm×1 092 mm 1/16

印 张：9.125

字 数：228 千字

版 次：2021 年 3 月第 1 版 2021 年 3 月第 1 次印刷

定 价：39.00 元

前　言

“数字电路设计实验”是根据电子信息类专业教学培养方案，学生在学习了“电路基础”“低频模拟电路”“高频电路”“数字电路”及“信号与系统”等专业课程，并完成与之对应的相关基础实验后开设的综合性实验课程。在本科教育培养体系中，“数字电路设计实验”是促进学生实现知识学习阶段理论与实践相结合的重要环节，是教学过程中提高学生动手能力和培养创造性思维的有力保障。“数字电路设计实验”强调学生合理运用上述课程所讲授的理论知识，能够根据实验课题对电子系统的性能设计要求，通过课堂讲授与课下自学相结合，主动查阅相关技术资料以完成系统方案设计，并通过系统调试和性能分析加以修改与完善，在实验过程中注重学生工程实践能力的养成。“数字电路设计实验”课程的开设将起到完善知识结构的承前启后作用，并充分促进学生自学能力的提高。

电子技术和计算机技术的飞速发展使得当代电子产品的智能化程度不断提升，而在电子系统集成程度迅速增加的情况下，产品的更新周期却变得越来越短，这一总体趋势使得电子系统设计人员面临严峻的挑战。现场可编程门阵列(FPGA)技术使得电子系统设计人员能够在计算机上完成系统的功能设计、逻辑设计、性能分析和时序测试等工作，并且利用下载线缆将编译后的工程文件下载至 FPGA 器件，从而在不改变系统整体硬件结构的情况下，重新配置系统功能并改善其性能表现。这样将大大加快产品开发进度，并有效延长产品生命周期。同时，由于 FPGA 器件内部集成了大量可重新配置的硬件资源，使得片上系统(System On Chip，SOC)的设计成为可能，与传统利用分立器件及中小规模集成电路以组合方式实现的电子系统相比，基于 FPGA 器件的系统设计无论是在产品的可靠性、功耗、体积及性能表现等方面都表现出极大优势。目前 FPGA 器件已经广泛应用于移动通信、计算机及周边设备、医疗器械、汽车、卫星、通信及军事应用、航空、航天等诸多重要领域，并已经成为高性能系统中不可或缺的关键部件。

现代电子设备是综合采用了数字电路、模拟电路、处理器及相关算法的的复杂系统，几乎不存在只单纯采用某项技术就能够完成的可能。因此有必要在电路设计实验中，通过模拟电路与数字电路相结合、软件算法与硬件设备相结合的综合性系统设计训练激发学生的学习兴趣，促进对不同领域理论知识的融会与贯通，以增强自己的工程实践能力。在数字电路设计实验中将充分强调学习主动性，以课堂讲授为辅，积极鼓励学生在系统设计的总体要求下，提高对相关知识的自学能力、整合能力，并通过广泛的实践验证与总结分析，使得学生对当代电子科技发展的最新成果有清晰和较为全面的了解，并有效拓展其专业视野。

当前常用的 FPGA 器件集成开发环境(Integrated Development Environment，IDE)，如 Altera 公司的 Quartus Ⅱ或者 Xilinx 公司的 Vivado 等软件，都具有界面直观、操作方便、仿真

测试与分析功能强大，以及能够较好适用于电子类课程教学等特点。同时，在课程教学中结合采用 Proteus、MultiSim 等相关电子系统仿真软件，学生可以充分利用计算机开展虚拟电子系统方案设计，并通过不同类型的系统功能测试对自己的设想加以验证，并在分析所设计系统的性能与不足的基础上加以改进。在“数字电路设计实验”中将综合利用 FPGA 开发板、各类虚拟仿真软件，以有效辅助理论教学与工程实践相结合，促进学生从被动接收方式向主动学习模式的转变。

本书配合电子信息类专业学生的理论知识教学编写了相关的实验内容，包括基础类验证实验、提高设计类实验等。目的在于促进电子技术理论教学与实验环节的有机融合，加深学生对基础理论知识的理解，加强学生基本设计能力和实践能力的训练，全面提高学生的理论水平和实验实践综合能力。

本书分为 6 章：第 1 章为 FPGA 技术概述，讲解 FPGA 的技术特点、发展简史，以及 FPGA 器件的基本结构和使用方法；第 2 章介绍 VHDL 语言编程特点、方法与基本设计思路；第 3 章简要介绍 Quartus Ⅱ 软件的使用方法与仿真测试流程；第 4 章为结合数字电路教材理论教学内容安排的验证性基础实验，目的在于培养学生的基本工程素质、实验技能、分析和解决问题的能力及创新性思维；第 5 章为综合性实验，要求在完成基础层次的实验内容后，能够综合运用所学实验知识，进行综合程度较高的系统设计，并掌握相关测试技巧和分析方法；第 6 章为配合实验开展，对 DE0-CV 开发板上所搭载的资源及使用方法进行简要介绍。本书所安排的综合性设计实验，旨在培养学生解决实际问题的能力，掌握设计并完成电子系统的方法和基本步骤，为那些基础较扎实、动手能力强及具有探索精神的学生提供更广阔的学习空间，增强学生的工程设计和综合学习能力。本书中所有实验内容均经过验证。

需要指出的是，与一般高级编程语言相比，对硬件描述语言 VHDL 的学习过程更加强调软件语言与实际电子系统工作特点的紧密结合，其学习和应用所涉及的知识内容和设计工具比较多，类似传统软件编程语言的语法练习并不足以充分掌握 VHDL 语言的特点。鉴于此，本书从电子系统设计的实际应用出发，以实用性、可实现性及可操作性为基本要点，以初步掌握当代 EDA 设计技术和培养基于 VHDL 硬件描述语言的 FPGA 系统开发能力为核心目标，始终围绕“学以致用”的主题展开教学内容。在本书的编写过程中，笔者也通过与学生的广泛交流不断地进行着修改与完善。

本书由李滔任主编，负责编写第 1～5 章和后记，林华杰任副主编，负责编写第 6 章并对全书进行校对。

本书在编写过程中还得到了曾丽娜、张妍等老师的热心支持，在此深表感谢。书中内容参阅了相关文献和技术网站，在此对相关资料的作者表示衷心感谢。

由于笔者水平有限，书中难免有疏漏之处，敬请读者批评斧正。

编　者

2020 年 12 月

目　　录

第1章　FPGA 技术概述

1.1　可编程逻辑器件与 EDA 技术

伴随时代变迁及科技的不断进步，现代电子系统设计技术的发展已经处于一个全新的阶段，其基本特点可以概括为以下几方面：

(1)电子元器件及其应用技术的发展更多地趋向于支持电子设计自动化(Electronic Design Automation，EDA)技术，从而大大提高了系统开发效率；

(2)随着硬件描述语言的普及和深度使用，电子系统中的硬件设计与软件设计技术得到了前所未有的有机融合，其结合程度还在迅速加深，并持续改变着整个电子工业的面貌；

(3)电子系统的设计开发流程更为规范化和标准化，项目开发管理向着远程、异地开展分布协作的方向发展，从而使得更为复杂的大型系统的协同设计成为现实的可能大大增加；

(4)电子应用系统的设计不断向片上系统(System On Chip，SOC)的方向演化和迈进，产品也因此得以获得更为卓越的性能、更小体积及更低功耗的表现。

回顾电子行业的发展历程，行业内专家们大胆预言：电子设计的未来将是 EDA 技术的时代。为了适应这一新时代发展的迫切需求，国外各大 VLSI 厂商纷纷推出各种系列的超大规模 FPGA 及 CPLD 产品，其产品性能提高之快、品种之多使人目不暇接。目前，国际上主流可编程逻辑器件设计与生产厂商，如美国 Xilinx 公司和 Altera 公司所推出的高性能 FPGA 器件中所包含逻辑门的规模早已超过 10 亿门。

从技术年代来看，EDA 软件从 20 世纪 60 年代中期至今走过的发展历程可以划分为以下 3 个主要阶段。

(1)电子线路 CAD 技术是 EDA 发展的初级阶段(20 世纪 60 年代中期—20 世纪 80 年代初期)。在此阶段，各大软件设计公司开发了种类不同的软件工具，其功能包括电路原理图绘制、PCB 版图设计、电路模拟及逻辑模拟等。这些软件利用计算机图形编辑、分析和计算能力，帮助工程师设计电子线路，将设计人员从大量烦琐、重复性的计算和绘图工作中解脱出来。但从总体来看，其自动化程度不高，在整个设计过程中都需要持续加以人工干预。SPICE 就是在此期间出现的电路设计软件的代表之一。

(2)电子线路 CAE(计算机辅助工程)是 EDA 技术发展的中级阶段(20 世纪 80 年代初期—20 世纪 90 年代中期)。在这一阶段，各种设计工具的功能已经基本齐备，如前述的原理图绘制、PCB版图绘制、电路模拟、逻辑模拟，以及新开发的系统自动布局布线工具、电子电路的计算机仿真与分析工具、测试代码生成工具，并且伴随着各种元件库的不断成熟等进步。由于逐步确立了EDA行业标准，各大设计公司开始采用统一的数据管理技术，所以能够将这些工具集成为CAE系统，而广为使用的ORCAD及Protel的早期版本就是这一阶段的两种典型设计工具。

(3)ESDA是EDA技术发展的高级阶段(20世纪90年代至今)。ESDA(Electronic System Design Automation)即电子系统设计自动化，过去传统的电子系统设计方案大多是采用自底向上(Bottom-Up)的流程开展，设计者首先对系统结构进行功能总结并合理分块，然后直接对每一个分块进行电路级别的设计，最后把块与块加以组合以形成完整的系统。在这种模式下设计周期较长，同时由于设计者无法预测下一阶段可能出现的变化，以及每一阶段是否存在问题，往往要在系统整机调试的时候才能够发现，而到那个阶段可能很难通过对局部电路的调整以使整体系统达到既定的功能和指标，从而无法确保设计一次就能够获得成功，并且有时候还可能需要对整个系统重新设计。

伴随着ESDA技术的出现，电子系统可以采用并行工程(Concurrent Engineering)的设计模式，这种设计方式的核心是在初始阶段就要求设计对象具有全面的可预见性。它要求设计者从一开始就综合考虑所设计产品的性能、成本、开发周期、用户需求和市场占有周期等多种因素，这也催生了自顶向下(Top-Down)设计模式的产生。当采用自顶向下层次化的设计方式时，设计者从系统总体要求入手，进行系统功能的合理划分，并对各电路分系统的行为表现加以描述，同时确定相关的设计验证手段。此时，设计工作已不再受通用器件的限制，设计者的精力主要集中在对所开发的电子产品的准确定义上。现代设计理念普遍采用高级语言对系统进行描述和定义，如VHDL、Verilog语言等，然后借助EDA系统来完成电子产品的系统级设计，并进行仿真和综合工作。自顶向下的设计方式可以使得设计者能够始终在系统层次上把握设计的全过程，这一点对于高度集成化电路系统的设计尤为重要，也是目前广泛推荐采用的设计理念。

FPGA(Field Programmable Gate Array)即现场可编程门阵列器件，是在PAL、GAL和CPLD等可编程器件的基础上技术进一步发展的产物。它是作为专用集成电路(ASIC)领域中的一种半定制电路而出现的。FPGA器件的出现既解决了传统定制电路灵活性不足的问题，又克服了原有可编程器件中逻辑门电路数有限的缺点。因此，FPGA技术自问世以来就持续保持着高速增长的势头。当1984年Xilinx公司刚刚发明出FPGA芯片时，它还仅仅是功能简单的胶合逻辑芯片，而如今在信号处理、高速数字采样和逻辑控制等诸多应用领域中，FPGA器件已经在很大程度上取代了自定制专用集成电路(ASIC)和通用处理器，成为电子系统设计中的核心环节，FPGA器件所特有的内部结构及基于其技术特点的设计思想日益表现出独特的技术优势。

在电子设计技术领域，以FPGA为代表的可编程逻辑器件的广泛应用，为数字系统设计同时带来完善的功能及极大的灵活性。FPGA器件可以通过软件编程而对其硬件的内部结构和工作方式进行重构，使得硬件设计可以如同软件设计那样方便快捷，这一特性极大地改变了传统数字系统的设计方法、设计流程，乃至整个设计观念。

从技术发展进程来看，传统的电子系统设计方式只能通过电路板来规划系统功能，在此期间电子元器件的功能在很大程度上制约着设计者的思路，并使他们不得不把大量时间和精力花在元件选配和系统结构的可行性分析上。但若采用可编程逻辑器件，在设计过程中就可以利用集成设计开发环境并根据系统设计的功能需求，随时改变器件的内部逻辑功能和管脚的信号形式，从而实现器件资源和功能的按需分配。凭借超大规模集成的可编程逻辑器件及高效的设计软件的帮助，设计者不仅可通过直接对芯片结构开展设计以实现所要求的数字逻辑功能，而且由于FPGA器件结构所赋予的管脚定义的灵活性，大大减轻电路图设计和电路板制作的工作量和难度。同时这种基于可编程逻辑器件芯片的设计方案大幅度减少了电子系统所使用芯片的数量，缩小了系统体积，既有效提高了系统可靠性，也降低了功耗。

纵观可编程逻辑器件的技术发展史，它在结构原理、集成规模、下载方式和逻辑设计手段等方面的每一次进步都为现代电子设计技术的革命与发展提供了不可或缺的强大推动力。伴随着可编程逻辑器件自身功能的不断完善和计算机辅助设计技术的迅速进步，传统的数字电路设计模式下利用卡诺图的逻辑化简手段、冗杂难懂的布尔方程表达方式及利用小规模TTL电路芯片进行堆砌的设计技术，都在迅速崛起的电子设计自动化技术（EDA）面前成为一道历史的风景。

EDA技术是20世纪90年代初从CAD计算机辅助设计、CAM计算机辅助制造、CAT计算机辅助测试和CAE计算机辅助工程的概念延续并不断发展而来的。EDA技术的核心就是以计算机作为设计工具，在EDA软件平台上对以硬件描述语言HDL为电子系统功能逻辑描述手段完成的设计文件自动完成逻辑编译、逻辑化简、逻辑分割、逻辑综合及优化逻辑布局布线，同时实现电子系统的逻辑仿真，直至对于特定目标芯片的适配编译、逻辑映射和器件配置文件编程下载等一系列工作。利用EDA技术进行电子系统设计的开发流程中，设计者的工作是利用硬件描述语言来完成对系统功能的描述，在EDA工具的帮助下就可以得到最后的设计结果。EDA技术中最具现代电子设计技术特征的部分还包括不断增强的逻辑设计、仿真及测试功能。EDA仿真测试技术能够通过计算机对所设计的电子系统从各种不同层次完成准确测试与仿真分析，在完成实际系统的安装后还能对系统中的目标器件进行边界扫描测试，这些特性都极大地提高了大规模电子系统设计的自动化程度及性能的可靠性。另外，持续高速发展的CPLD/FPGA等可编程逻辑器件又为EDA技术的不断进步奠定了坚实的物质基础。在工程领域CPLD/FPGA等可编程逻辑器件更为广泛的应用，以及设计与生产厂商之间的激烈商业竞争等诸多因素都使得普通设计人员获得廉价且高效的器件和功能完善的EDA设计软件成为可能。

现代EDA工具软件早已突破了其发展早期仅能进行PCB版图设计，或类似某些仅限于电路功能模拟的纯软件范围的局限，从而发展成为以最终实现高效、可靠的硬件系统作为目标，同时配备了系统设计自动化所需要的各类工具，配置了如VHDL、Verilog、HDL、ABEL-HDL等各种常用的硬件描述语言平台，并包括多种能兼用和混合使用的逻辑描述输入工具，如硬件描述语言文本输入法、布尔方程描述方式、原理图描述方式、状态图描述方式，以及波形输入法等的综合性系统业务平台。现代EDA工具还同时包括了高性能的逻辑综合、优化及仿真模拟工具。伴随着基于EDA的SOC单片系统设计技术的迅速发展，具备完善功能的软/

硬功能核芯的器件库的不断扩展与丰富，以及基于 VHDL 等硬件描述语言特点的自顶向下设计理念的普及和应用，在设备系统设计中能够通过软件代码的编写来灵活构建硬件结构和功能，从而使得在未来电子系统的设计与规划将不再只是电子工程师们的专利。

1.1.1 FPGA 的技术优势

FPGA 器件是可以反复编程的超大规模集成电路芯片，通过使用芯片内部预制的逻辑块和可重新编程布线资源，用户无须再使用电路试验板和烙铁就能配置这些芯片的内部连接方式，使得系统能够方便、快捷地实现自定义硬件功能。在对电子系统进行充分逻辑功能分析的基础上，用户可以通过 EDA 软件将系统功能转换为硬件结构或者功能描述的代码，并将代码编译成包含逻辑单元之间相互连接信息的配置数据文件，通过特定传输协议将配置文件下载至目标 FPGA 器件中就能够实现特定的器件功能。此外，FPGA 可以完全重新配置，当用户重新编写、编译不同的功能代码并下载至 FPGA 器件中时，电子系统就能够当即呈现全新的特性，而无须改变整体系统的硬件结构。在过去只有熟知数字硬件设计的电子设计工程师懂得如何使用 FPGA 技术，然而高层次设计工具的蓬勃发展正在快速改变 FPGA 的传统编程方式，目前有部分 EDA 设计软件已经能够将图形化程序框图甚至是 C 代码转换成数字硬件电路。

由于 FPGA 器件可以通过软件编程的方式进行硬件功能的再配置，所以它有机地结合了 ASIC 器件功能可定制的灵活性及基于处理器系统的通用性的两方面优势。在电子系统中采用 FPGA 器件既能够提供系统运行的高速度和稳定性，同时也无需自定制 ASIC 设计所必须的巨额前期费用投入。

在实际电子系统应用中，可重新编程的 FPGA 芯片在使用功能灵活性方面的表现，与在基于处理器系统上运行的软件相当，但是 FPGA 器件的运行并不受可用处理器内核数量的限制。与处理器工作流程不同的是，FPGA 属于真正的并行工作方式，不同数据处理操作之间无须争夺相同的硬件资源。FPGA 器件中每个独立的处理任务都配有专用硬件电路部分，能在不受其他逻辑块的影响下独立高速运作。因此与基于处理器的应用系统相比，以 FPGA 器件为核心的数字系统在添加更多处理任务时，已有的其他应用的性能也不会受到影响。

与采用 ASIC 及中小规模集成电路来设计电子系统的传统方式相比，FPGA 器件充分利用硬件并行方面的优势，从而打破了数据处理功能按照顺序执行的旧有模式，能够在每个时钟周期内完成更多的处理任务，并具有超越专用数字信号处理器(DSP)的运算能力。根据著名的分析与基准测试公司 BDTI 所发布的基准测试报告显示，在多数应用方面，利用 FPGA 器件每美元成本带来的处理能力是基于 DSP 解决方案的数倍甚至更快，FPGA 在数据运算及硬件控制等应用层面上提供了更快的响应速度和更为专业化的功能。一般认为 FPGA 的主要技术优势包括以下几点。

(1)上市时间。FPGA 技术提供了使用功能的高度灵活性和快速开发系统原型的能力。用户可以测试一个想法或概念，并在 FPGA 硬件中完成验证，而无需经过自定制 ASIC 设计漫长的制造过程。用户可在短时间内逐步修改并进行 FPGA 设计的不断更新、迭代，从而节省大量时间与资金成本。同时高层次软件工具的日益普及降低了 FPGA 技术的学习与应用难度，现代 IDE 集成开发环境还通过提供大量经过可靠验证的 IP 核(预置功能)以大大加快复杂控制与高速信号处理功能的实现。

(2)成本。自定制ASIC的设计费用远远超过基于FPGA的硬件解决方案。在整个设计环节中用户对系统功能的需求经常会发生变化,但变更FPGA设计所产生的成本相对设计ASCI的巨额费用投入来说是微不足道的。

(3)稳定性。FPGA电路是真正的编程"硬"执行过程。基于处理器的系统往往包含多个抽象层,在代码运行过程中需要在多个进程之间规划任务、共享资源,并通过驱动层来控制硬件,而操作系统负责管理内存和处理器的带宽。对于任何给定型号的处理器内核,一次只能执行一条指令,且基于处理器的系统运行过程中时刻面临着严格限时的任务之间相互竞争的风险。而FPGA器件的运行无须使用操作系统,其拥有真正的并行执行和专注于每一项任务的专属硬件资源,因此与基于处理器的系统设计相比较,基于FPGA器件构建的系统可极大减少稳定性方面出现问题的可能。

(4)长期维护成本。FPGA芯片具备现场可升级能力,无需重新设计ASIC所花费的时间及费用投入。举例来说,由于数字通信协议包含了可能随时间改变的技术规范,所以基于ASIC芯片所设计的接口可能会在产品的使用过程中面临后续维护和兼容性等方面的困难。而与之相对应,采用FPGA芯片的设计则由于可以重新配置功能,所以能够非常方便地适应未来需要而加以修改和升级。在系统功能不断完善的过程中,用户无须花费时间重新设计硬件或修改电路板布局就能通过更新的软件设计来增强系统功能。

(5)高集成度、高速和高可靠性是FPGA/CPLD最显著的特点,由于所使用的硬件资源都位于芯片内部,所以由器件内部布线所带来的时钟延迟可以降低到纳秒级,结合其并行工作方式,FPGA器件在超高速应用领域和实时测控等诸多方面都有非常广阔的应用前景。另外,以CPLD/FPGA为代表的可编程逻辑器件的高可靠性还表现在几乎可将整个系统下载于同一芯片中,实现所谓片上系统,从而大大减小系统体积,并为整体结构设计及电磁屏蔽带来便利。

由于FPGA/CPLD芯片的集成规模非常高,所以必须利用先进的EDA工具进行系统设计和产品开发。也正是得益于开发工具的通用性,设计语言的标准化及设计过程几乎与所用器件的硬件结构无关,因此基于硬件描述语言所设计成功的各类逻辑功能块代码有着很好的兼容性与可移植性,从而使得产品设计效率大幅度提高,工程技术人员可以在短时间内完成复杂的系统设计,这正是产品快速进入市场的最有力保障。通过大量分析,美国德州仪器公司(Texas Instruments)认为ASIC芯片功能的90%都可以采用IP核等现成的逻辑模块来合成,而在未来大型复杂系统的CPLD/FPGA设计在很大程度上是各类再应用逻辑与IP核的拼装组合,其产品设计周期将更加紧凑。与采用ASIC芯片的系统设计方案相比,以FPGA/CPLD器件为核心的方案设计具有显著的优势,如开发周期短、投资风险小、产品上市速度快、市场适应能力强和硬件升级回旋余地大,而且当产品定型和产量扩大后,可以将在生产中得到充分检验的VHDL设计迅速实现ASIC方案以便投产。

1.1.2　FPGA与CPLD的区别

随着各种先进的集成设计环境(IDE)的不断改进,FPGA技术的应用场景也越发广泛。利用硬件描述语言(VHDL或Verilog)所完成的电路设计方案,可以通过设计软件进行逻辑综合与工程编译，并利用线缆将配置文件快速下载至 FPGA 器件内部，以进行功能验证和可靠性测试，这种工程设计方式业已成为现代电子系统设计与验证的技术主流。

FPGA 器件的应用开发相对于传统 PC、单片机的开发有很大不同。FPGA 以并行运算方式为主，其功能可以通过硬件描述语言加以实现；相比于 PC 或单片机（无论是冯·诺依曼结构还是哈佛结构）软件代码的顺序操作方式，FPGA 开发需要从顶层设计、模块分层、逻辑实现和软硬件调试等多方面着手，因此开发者为了熟练掌握开发技术往往需要更多的时间与精力投入。FPGA 器件内部通常包含可编程逻辑功能块、可编程 I/O 块和可编程互连资源等三类可编程资源。可编程逻辑功能块是实现用户功能的基本单元；可编程 I/O 块用来完成芯片上逻辑与外部封装管脚的接口；可编程互连资源包括芯片内部各种长度的连线线段和一些可编程连接开关矩阵，它们按照用户所生成的配置文件描述将各个可编程逻辑块或 I/O 块连接起来，从而构成具有特定功能的电路。

CPLD 主要由可编程逻辑宏单元（Logic Macro Cell，LMC）及可编程互连矩阵单元组成。由于 CPLD 内部采用固定长度的金属线进行各逻辑块之间的互连，所以设计的逻辑电路具有时间可预测性，与 FPGA 器件相比避免了分段式互连结构时序不完全预测的缺点。CPLD 由多个可编辑的结果之和的逻辑组合和相对少量的寄存器组成，在使用上缺乏编辑的灵活性。而 FPGA 却有大量的连接单元，因此 FPGA 器件具有更加灵活的功能编辑能力，但是结构上却更为复杂。

由于 FPGA 和 CPLD 都属于可编程逻辑器件，所以彼此之间既有相似之处，也存在以下因两者的不同结构特点而带来的较多差异。

(1)CPLD 更适合于完成各种算法和组合逻辑，FPGA 更适合于完成时序逻辑。换句话说，FPGA 更适合于包含大量触发器结构的系统，而 CPLD 更适合于触发器有限而乘积项丰富的系统设计。

(2)CPLD 的连续式布线结构决定了它的时序延迟是均匀的和可预测的，而 FPGA 的分段式布线结构决定了其延迟的不可预测性。

(3)在编程上 FPGA 比 CPLD 具有更大的灵活性，FPGA 可在逻辑门级别下编程，而 CPLD 则是在逻辑块的规模层次进行编程。

(4)FPGA 器件的集成度比 CPLD 更高，具有更为复杂的布线结构和逻辑功能实现能力。

(5)CPLD 比 FPGA 使用起来相对方便。CPLD 的编程采用 E2PROM 或 FAST FLASH 技术，无需外部存储器芯片；而 FPGA 的编程信息须存放在外部存储器上。CPLD 器件在断电之后，原有烧入的配置信息不会消失；当 FPGA 下电之后再次上电时，需要重新加载 FLASH 里的逻辑代码，要占用一定的系统加载时间。

1.1.3 FPGA 技术的发展历程

1985 年，当全球首款 FPGA 产品——Xilinx 公司推出的 XC2064 诞生之时，PC 机才刚刚走出硅谷的实验室进入商业市场，而因特网也只是科学家和政府机构通信的神秘链路，那个时代的无线电话笨重得像砖头块，日后风光无限的 Bill Gates 也正在为生计而苦苦奋斗。由于概念过于超前，所以这一创新性的可编程产品在当时看来似乎并没有什么用武之地。

XC2064 即使以当时的技术标准来衡量也都是一只“丑小鸭”——芯片采用 2 μm 工艺制造，内部包含 64 个逻辑模块和 85 000 个晶体管，逻辑门的数量不超过 1 000 个。而在 22 年后的 2007 年，作为 FPGA 产业界双雄的 Xilinx 公司和 Altera 公司各自推出的采用 65 nm 工艺的 FPGA 产品，其逻辑门的数量就已经达到千万级，晶体管个数更是超过 10 亿个。一路走来，FPGA 技术不断地紧跟并推动着半导体工艺的进步——2001 年采用 150 nm 工艺，2002 年采用 130 nm 工艺，2003 年采用 90 nm 工艺，2006 年采用 65 nm 工艺。根据技术资料显示，在 2018 年 Xilinx 公司已经开始量产的 Virtex UltraScale Plus 系列产品，采用 16 nm 的先进制程工艺，芯片内部拥有超过 28 520 万个逻辑门，其串行传输速率可以达到 32.75 Gb/s。

虽然没有像蒸汽机车发明之初那样备受嘲笑，并被讥讽为“怪物”，然而在 FPGA 器件诞生的时代，晶体管逻辑门作为非常珍贵的资源，每个设计者都希望用到的晶体管越少越好，因此 FPGA 技术受到广泛质疑也就不难想象了。但是，Xilinx 公司创始人之一——FPGA 的发明者 Ross Freeman 挑战了这一传统观念，他曾大胆预言道：“在未来，晶体管将变得极为丰富从而可以‘免费’使用”。同时，Ross Freeman 还前瞻性地指出：对于许多电子应用系统的设计来说，如果实施得当，FPGA 技术所提供的灵活性和可定制能力都将具有足够的吸引力。事实上随着技术的不断发展，FPGA 器件在复杂电子系统中所扮演的角色迅速完成了由配角到主角的转变，目前许多大型系统都是以 FPGA 器件为中心开展设计的。从最初 FPGA 器件只用于胶合逻辑的应用，发展到算法逻辑再到数字信号处理、高速串行收发器和嵌入式处理器等更广阔的应用领域。“在未来每一个电子设备都将有一个可编程逻辑芯片”的设想正在成为现实。总结可编程逻辑产业的发展脉络可以看到，其技术发展的脉络始终瞄准密度、速度和成本 3 个核心指标，即构建容量更大、速度更快和价格更低的大容量 FPGA 器件。

图 1-1 所示为 Xilinx 公司的 FPGA 板卡，通过采用高速 PCI-E 接口，能够插入计算机主板，为软件执行提供硬件加速的并行计算能力扩展。

图 1-1　Xilinx 公司的 FPGA 板卡

FPGA 技术对半导体产业最大的贡献莫过于创立了无生产线(Fabless)模式，如今采用这种模式司空见惯，但是在 20 多年前，芯片制造厂被认为是半导体芯片企业必须认真考虑的主要竞争优势。相信未来 FPGA 技术的发展还将在更多方面深刻改变半导体产业和整个电子工业的面貌！

1.2 FPGA器件基本结构

FPGA(现场可编程门阵列)器件采用了逻辑单元阵列(Logic Cell Array,LCA)结构,内部包括可配置逻辑模块(Configurable Logic Block,CLB)、输入/输出模块(Input Output Block,IOB)和内部连线(Interconnect)三个功能组成部分。FPGA作为可编程器件,与传统逻辑电路和门阵列(如PAL、GAL及CPLD器件)相比,具有不同的结构。FPGA利用小型查找表(16×1 RAM)的方式实现组合逻辑,每个查找表都连接到一个D触发器的输入端,触发器再来驱动其他逻辑电路或驱动I/O引脚,由此构成了既可实现组合逻辑功能、又可实现时序逻辑功能的基本逻辑单元模块,这些模块之间利用金属连线实现内部互相连接,或者连接到I/O模块以实现与外部器件相连,从而实现功能扩展。

FPGA的逻辑功能实现是通过向内部静态存储单元加载编程数据来实现的,存储在存储器单元中的数值决定了逻辑单元的逻辑功能,以及各模块之间或模块与I/O之间的连接方式,并最终决定FPGA所能实现的功能。也正是源于这样的结构特点,FPGA器件的可编程次数没有限制。

目前FPGA器件的主要设计和生产厂商包括Xilinx、Altera、Lattice、Actel、Atmel和Quicklogic等公司,其中在世界范围内占据市场份额最大的几家公司包括Xilinx、Altera、Lattice和Actel等。

不同FPGA生产厂商产品需要使用的开发工具主要有以下几种:

(1)Altera,开发平台是Quartus Ⅱ;

(2)Xilinx,开发平台是ISE,目前最新软件为Vivado;

(3)Lattice,开发平台是ISPLEVER;

(4)Actel,开发平台是LIBERO。

Altera公司作为世界可编程逻辑器件的老牌厂家,是可编程逻辑器件的发明者,其器件的开发软件通常采用Quartus Ⅱ。Xilinx公司是FPGA技术的发明者,现阶段拥有世界一半以上的市场,提供大部分的高端FPGA产品,其开发软件为Vivado,Xilinx产品主要用于军用和宇航等领域。

从技术手段上来看,Altera和Xilinx的产品主要采用RAM工艺。而Actel主要提供非易失性FPGA,产品主要基于反熔丝工艺和FLASH工艺。Actel公司认为,FLASH将成为FPGA产业中一个重要的增长领域,并在研发中将FLASH技术的非易失性和可重编程性集成于单芯片解决方案中。Actel以FLASH技术为基础的低功耗IGLOO系列、低成本的ProASIC3系列和混合信号Fusion FPGA系列产品,因具备FLASH的固有优势而引起特定用户群体的广泛的兴趣和关注。

当前,FPGA产品的应用范围已经从原来的通信工程扩展到消费电子、雷达系统、汽车电子、工业控制、航空航天和测试测量等诸多领域。而市场应用需求方面的不断发展和变化也使得FPGA产品近几年的技术演进趋势越来越明显:①FPGA芯片供应商致力于采用当前最先进的制造工艺来提升产品性能，并降低产品成本；②越来越多的通用IP核芯（Intellectual Property Core，知识产权核核芯）或客户定制IP被引入FPGA器件的设计流程中，以满足客户对产品快速上市的迫切要求。此外，FPGA芯片设计和生产企业都在不遗余力地降低产品功耗，以满足业界越来越苛刻的低功耗需求。

图1-2所示为FPGA器件内部结构原理（注：图1-2只用于原理展示，实际上不同厂商的各个系列FPGA器件都有其独特的内部结构），FPGA芯片的内部功能模块构成主要包括可编程输入/输出单元、基本可配置逻辑块、完整的时钟管理、嵌入式块RAM、丰富的内部布线资源、底层的内嵌功能单元和内嵌专用硬核等。其中，在FPGA芯片中的布局布线资源主要包括三个部分：连线盒CB（Connection Box）、开关盒SB（Switch Box）和行列连线。FPGA器件内部布线资源的作用是为了能够让位于不同位置的逻辑资源块、时钟处理单元、BLOCK、RAM、DSP和接口模块等资源能够相互通信，从而协调工作，以完成器件所需功能。

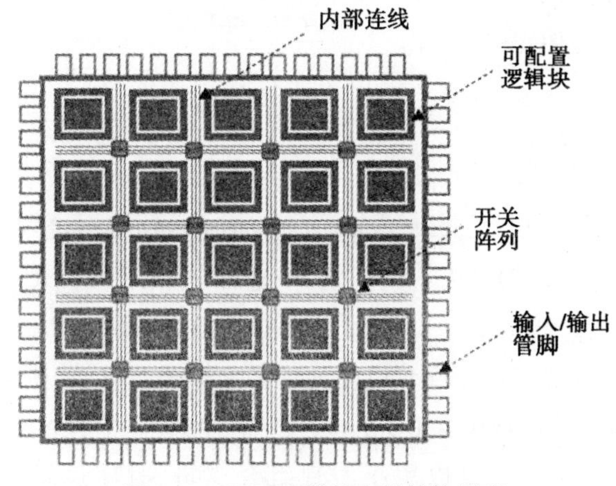

图1-2　FPGA器件内部结构原理

1. 可编程输入/输出单元（IOB）

可编程输入/输出单元简称为IOB，是芯片与外界电路相互连接的接口部分，用以完成不同电气特性下对输入/输出信号的驱动与匹配要求，其示意结构如图1-3所示。FPGA内的I/O按组分类，每组都能够独立地支持不同的I/O标准。通过软件代码可以灵活配置芯片的I/O资源，以适配不同的电气标准与I/O物理特性，既可以调整驱动电流的大小，也可以改变上、下拉电阻的配置方法。随着半导体工艺与技术的持续进步，器件中I/O端口的工作频率也越来越高。目前，一些高端FPGA器件通过DDR寄存器技术可以支持高达数十Gb/s的数据传输速率。同时外部输入信号既可以通过IOB模块的存储单元输入到FPGA的内部，也可以采用直接输入的方式与FPGA进行连接。

为便于管理和适应多种电器标准，FPGA的IOB被划分为若干个组（Bank），每个Bank的接口标准由其接口电压VCCO所决定，一个Bank只能有 一种VCCO，但不同Bank之间的VCCO可以不同。在使用中应当注意：只有相同电气标准的端口才能够连接在一起，而VCCO电压相同是接口标准的基本条件要求。

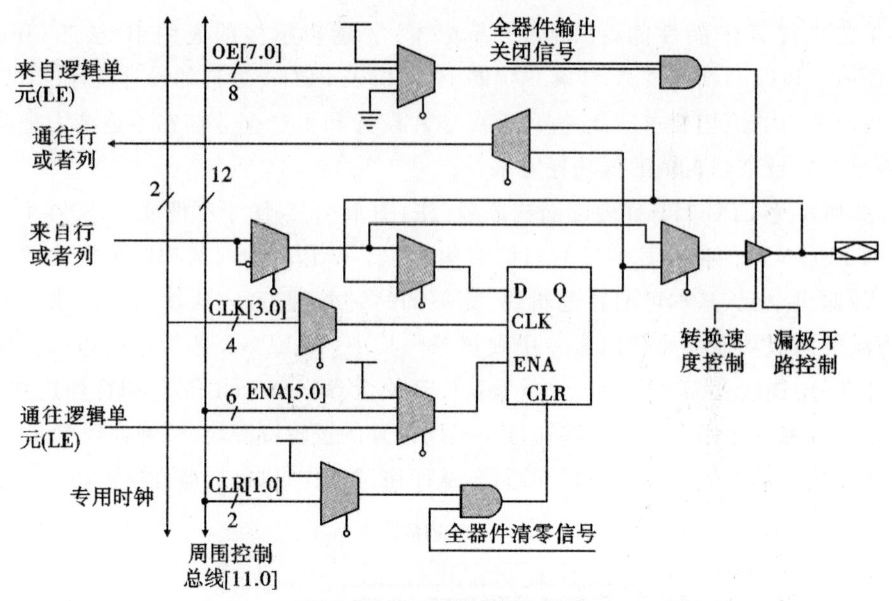

图 1-3 I/O端口电路原理

2. 可配置逻辑块(CLB)

可配置逻辑块(Configurable Logic Block,CLB)是 FPGA 内的基本逻辑单元。CLB 的实际数量和特性会依器件的具体型号而有所区别,但是每个 CLB 都包含一个可配置的开关矩阵(SB),此开关矩阵由 4 或 6 个输入、一定数量的选择电路(多路复用器等)和触发器组成。开关矩阵是高度灵活的,可以对其进行配置以便处理诸如组合逻辑、移位寄存器或 RAM 等类型的需求。在大多数的 FPGA 器件中,CLB 由多个(一般为 4 个或 2 个)相同的功能块和附加逻辑共同构成,每个 CLB 模块不仅可以用于实现组合逻辑、时序逻辑,还可以配置为分布式 RAM 和分布式 ROM 等电路模块。

3. 嵌入式块 RAM(Block RAM)

当前,大多数 FPGA 器件都具有内嵌的块 RAM,这大大拓展了 FPGA 器件的应用范围和灵活性。块 RAM 可被配置为单端口 RAM、双端口 RAM、内容地址存储器 (CAM)及 FIFO 等多种常用存储结构,以配合系统使用。其中 CAM 存储器在其内部的每个存储单元中都内建了一个比较逻辑,写入 CAM 中的数据会和内部的每一个数据进行比较,并返回与端口数据相同的所有数据的地址,因而在路由的地址交换器中有广泛的应用。除了块 RAM 以外,用户还可以将 FPGA 器件中的 LUT(查找表)灵活地配置成 RAM、ROM 和 FIFO 等各种逻辑结构。在实际应用中,FPGA 芯片内部所能够提供的块 RAM 数量也是数字系统设计中选择芯片型号的一个重要考虑因素。

4. 丰富的布线资源

布线资源连通 FPGA 器件内部的所有单元,而连线的长度和工艺决定着信号在连线上的驱动能力和传输速度。FPGA 芯片内部有着丰富的布线资源,根据工艺、长度、宽度和分布位置的区别可以将其划分为 4 种不同类型:第一种是全局布线资源,用于芯片内部全局时钟和全局复位/置位的布线；第二种是长线资源，用以完成芯片 Bank 之间的高速信号和全局时钟信号的布线；第三种是短线资源，用于完成基本逻辑单元之间的逻辑互连和布线；第四种是分布式的布线资源，用于专有时钟、复位等控制信号线。

在实际应用中，设计者并不需要直接选择 FPGA 器件的布线资源，在过程项目开发所使用的 IDE 软件中所包含的布局布线器可自动根据输入的逻辑网表所具有的拓扑结构，以及开发者所设置的约束条件等因素来选择布线资源以连通 FPGA 内部各个模块单元。因此基于 FPGA 器件的电子系统在其实现过程中，布线资源的使用方法和设计的最终结果之间存在着密切和直接的关系。

5. 底层内嵌的功能单元

内嵌功能单元主要指 DLL(Delay Locked Loop)、PLL(Phase Locked Loop)、DSP 和 CPU 等软处理核(Soft Core)等模块。随着技术的不断进步，数量迅速增加且功能越来越丰富和完善的内嵌模块，使得单片 FPGA 器件成为了系统级的功能模块，具备了软、硬件联合设计的能力，并得以逐步向 SOC 平台过渡。

DLL 和 PLL 具有类似的功能，可以完成时钟高精度、低抖动的倍频和分频，以及占空比调整和移相等任务。Xilinx 公司生产的芯片上集成了 DLL，Altera 公司生产的 FPGA 芯片上集成了 PLL，Lattice 公司生产的新型芯片上同时集成了 PLL 和 DLL。在开展系统设计时 PLL 和 DLL 都可以通过 IP 核生成工具方便地进行管理和配置。

6. 内嵌专用硬核

FPGA 器件中的内嵌专用硬核是相对底层嵌入的“软核”而言的，特指 FPGA 芯片中处理能力强大的硬核(Hard Core)部分，其功能等效于 ASIC 电路。为了提高 FPGA 性能，芯片生产商会在芯片内部集成一些专用的硬核，例如为了提高 FPGA 的乘法速度，高性能的 FPGA 中集成了专用乘法器；为适应通信总线与接口标准的需求，很多 FPGA 芯片的内部都集成了串并收发器(SERDES)，可以达到数十 Gb/s 的收发速度。

1.2.1　FPGA 器件内部主要功能模块

目前全球范围内市场占有率最高的两大公司 Xilinx 和 Altera 所生产的 FPGA 器件都采用了基于 SRAM 工艺的的查找表结构，因此 FPGA 芯片需要在使用时外接一个片外存储器用以保存其配置程序。当系统上电时，FPGA 芯片将外部存储器中的数据读入片内 RAM 并开始芯片的配置过程，在完成配置后，系统进入正常工作状态；系统掉电后，FPGA 器件则恢复为白片，内部逻辑消失。这样 FPGA 不仅能够被反复使用，而且无需专门的 FPGA 编程器，只须在系统设计时配合使用通用的 EPROM、PROM 等编程器即可。

与 Xilinx 和 Altera 这两家公司的技术路线有所区别，Actel 和 Quicklogic 等公司还提供了采用 FLASH 或者熔丝与反熔丝工艺的查找表结构。基于反熔丝技术的 FPGA 芯片，配置数据只能下载一次，但芯片具有抗辐射、耐高低温、低功耗和速度快等优点，在军品和航空航天领域中应用较为广泛，但由于基于这种结构的 FPGA 芯片不能重复擦写，所以开发和设计都较为麻烦，也导致整体系统的研制费用相对昂贵。

FPGA 器件通过配置文件改变查找表内容的方法来实现对芯片内部功能的重复配置。目前多数 FPGA 器件还在查找表结构的基础上整合了常用功能(如 RAM、时钟管理和 DSP)的硬核模块。由于 FPGA 芯片在系统设计和调试过程中需要被反复烧写,所以实现组合逻辑的基本结构不可能像 ASIC 那样通过固定的与非门组合方式来完成,而只能采用一种易于反复配置的结构,查找表技术则可以很好地满足这一要求,

根据数字电路的基本知识可以知道,对于一个 n 输入的逻辑运算,不管是与、或、非运算还是异或运算等,最多只可能存在 2^n 种结果。因此如果事先将相应的逻辑运算结果存放于一个存储单元,就相当于实现了与非门组合逻辑电路的功能。FPGA 技术的原理也是如此,它通过数据文件来配置查找表的内容,从而在相同的硬件电路结构情况下实现不同的逻辑功能。

查找表(Look-Up-Table,LUT)本质上就是一个 RAM。目前 FPGA 中多使用 4 输入的 LUT 结构,因此每一个 LUT 可以看成一个有 4 位地址线的 RAM 电路。当用户通过原理图或 VHDL 语言等方式完成对一个逻辑电路的功能描述以后,PLD/FPGA 开发软件会自动计算逻辑电路的所有可能结果,并把真值表(即处理结果)事先写入 RAM 中。这样,每次有信号输入需要进行逻辑运算的时候,就相当于输入一个地址进行查表,找出地址对应的内容,然后输出即可完成规定的运算。

下面给出一个 4 输入与门组合逻辑电路的例子来说明利用 LUT 结构实现逻辑功能的原理,首先列出使用 LUT 实现 4 输入与门电路的真值表(见表 1-1)。

表 1-1 基于 4 输入与门的系统功能真值表

实际逻辑电路功能描述		利用 LUT 的实现方式	
a、b、c、d 输入	逻辑输出	RAM 地址	RAM 存储的内容
0000	0	0000	0
0001	0	0001	0
⋮	⋮	⋮	⋮
1111	1	1111	1

由图 1-4 可以看到,基于 LUT 结构可以产生与逻辑电路相同的功能,因此四输入与门既可以利用门电路也可以利用 LUT 来实现。考虑到查找表的结构特点,在实际应用中 LUT 具有更快的执行速度和更大的规模。由于基于 LUT 结构的 FPGA 芯片具有很高的集成度,其器件密度从数万逻辑门到数亿逻辑门之间不等,所以 FPGA 器件可以完成复杂时序电路与组合逻辑电路等功能,适用于高速、高密度的数字逻辑电路系统设计,其基本逻辑功能实现方式如图 1-5 所示。

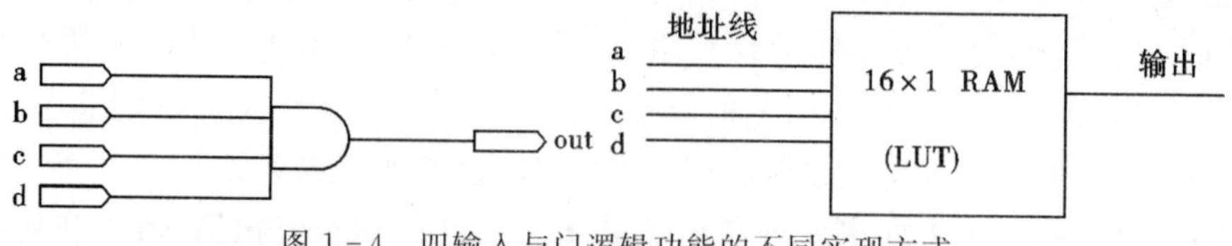

图 1-4 四输入与门逻辑功能的不同实现方式

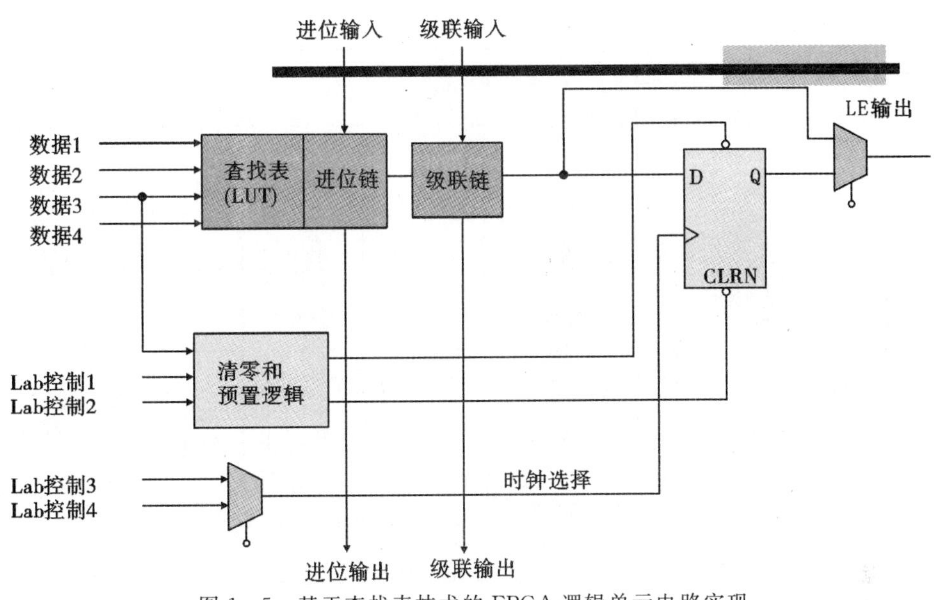

图 1－5　基于查找表技术的 FPGA 逻辑单元电路实现

如前所述，FPGA 器件是根据 RAM 中存放的配置文件来设置其工作状态的，因此在系统设计时需要对 RAM 进行编程。用户可根据不同的 FPGA 芯片配置模式，采用相应的 RAM 编程方法。在工程开发中，FPGA 器件通常有以下几种配置模式：①并行模式，采用并行的 PROM、FLASH 以配置 FPGA；②主从模式，一片 PROM 配置多片 FPGA；③串行模式，采用串行 PROM 配置 FPGA；④外设模式，将 FPGA 器件作为微处理器的外部设备，由微处理器负责对其编程操作。

1.2.2　Cyclone 系列 FPGA 芯片中的 ALM、LAB 基本结构

在“数字电路设计实验”课程中所使用的由 Altera 公司生产的 Cyclone V 系列芯片内部，最小的逻辑单元是 ALM(Adaptive Logic Modules)，即自适应逻辑块，而不再是在此之前其他型号中所使用的 LC(Logic Cells)，即逻辑单元。下面简要介绍 Cyclone V 芯片内部的逻辑阵列块(Logic Array Blocks，LAB)及 ALM。

LAB 可以实现逻辑、算术及寄存器等功能，同时还可以用多个 LAB 组成具有存储器功能的 LABs(即 MLAB)，图 1－6 和图 1－7 分别用来表示 Cyclone V 器件内部的 LAB 结构，以及通过内部互联形成的 MLAB 的方式。在实际应用中每个 MLAB 都可以配置为一个最多 640 b的简单双口 SRAM(Simple Dual-Port SRAM)。使用者可以把 MLAB 里的每个 ALM 配置成 32×2 的存储器块。这样的话 1 个 MLAB 内部就有 10 个 32×2 的简单双口 SRAM。从图 1－7 可以看出，MLAB 内部的 10 个 ALM 与相邻的 LAB、存储模块和 DSP 模块等用直接互连线进行连接，从而扩展存储地址，在每个 MLAB 内部能够生成一个 32×20 的双端口 SRAM 块。

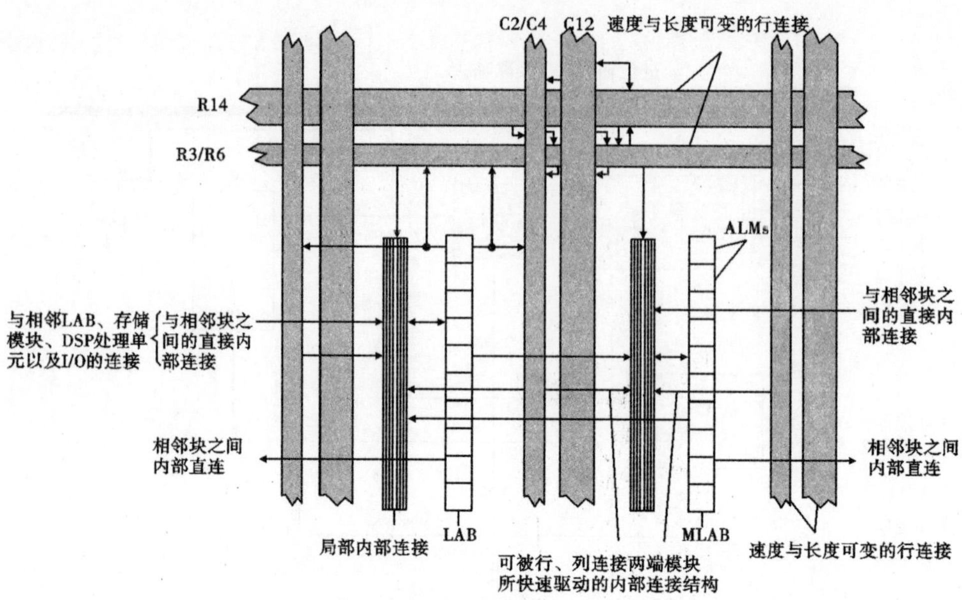

图 1-6　Cyclone V 芯片 LAB 结构与内部连接示意图

	MLAB	LAB
可以使用MLAB ALM作为正常的LAB ALM，或者将其配置为双端口SRAM	LUT-Based-32×2 Simple Dual-Port SRAM	ALM
	LUT-Based-32×2 Simple Dual-Port SRAM	ALM
	LUT-Based-32×2 Simple Dual-Port SRAM	ALM
	LUT-Based-32×2 Simple Dual-Port SRAM	ALM
	LUT-Based-32×2 Simple Dual-Port SRAM	ALM
	LAB Contro Block	LAB Control Block
可以使用MLAB ALM作为正常的LAB ALM，或者将其配置为双端口SRAM	LUT-Based-32×2 Simple Dual-Port SRAM	ALM
	LUT-Based-32×2 Simple Dual-Port SRAM	ALM
	LUT-Based-32×2 Simple Dual-Port SRAM	ALM
	LUT-Based-32×2 Simple Dual-Port SRAM	ALM
	LUT-Based-32×2 Simple Dual-Port SRAM	ALM

图 1-7　利用内部连接的片内 SRAM 扩展

在 FPGA 芯片内部存在各种连接通路，用以连接不同的模块，如逻辑单元之间、逻辑单元与存储器之间等。FPGA 内部资源是按照行、列的形式排列的，因此连接通路也分为行和列，基本连接方式如图 1－8 所示。行连接又可以分为 R4 连接、R24 连接和直接连接：R4 连接就是连接 4 个逻辑阵列，或者 3 个逻辑阵列和 1 个存储块，或者 3 个逻辑阵列和 1 个乘法器；而 R24 连接则是连接 24 个模块。列连接分为 C4 和 C16 两种，其含义与行连接相同，分别用来连接 4 个模块和 16 个模块。

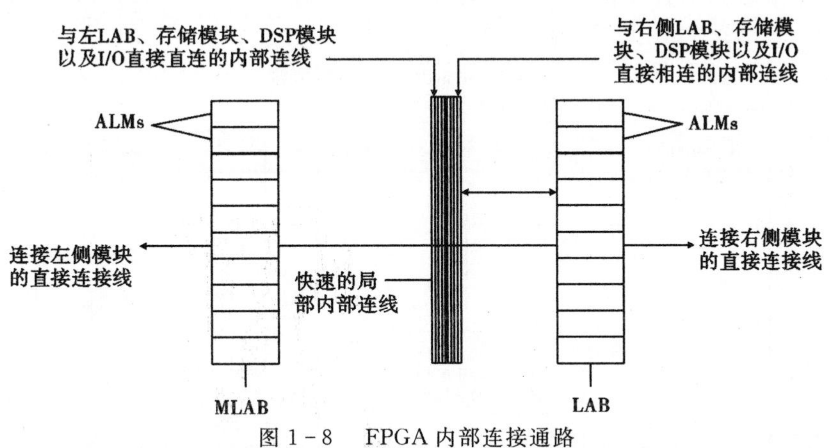

图 1－8　FPGA 内部连接通路

每个 LAB 内部包含了丰富的逻辑功能，用来产生驱动其内部 ALM 的控制信号，LAB 内部包括 2 个时钟源及 3 个时钟使能信号，如图 1－9 所示为 LAB 内部控制信号之间的逻辑关系，LAB 内部的控制模块通过时钟源和时钟使能信号来产生系统时钟。

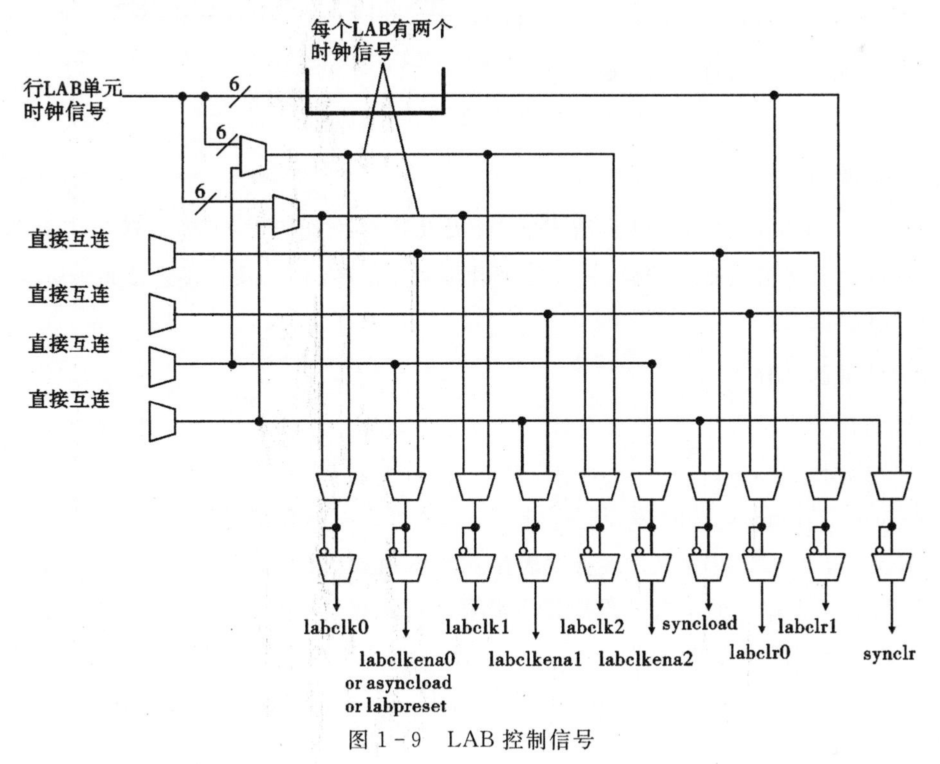

图 1－9　LAB 控制信号

1. ALM 内部资源

1 个 ALM 包含 4 个可编程寄存器，每个寄存器有 4 个端口：①Data 数据口；②Clock 时钟口；③Sync and async clear（同步异步清零信号）；④Sync load（同步数据加载信号）。

当 ALM 用于组合逻辑功能时，寄存器会被旁通掉，ALM 内部查找表的输出直接连接到 ALM 的输出接口。在图 1-10 所示的 ALM 的顶层模块组成中，可以看到 1 个 ALM 有 8 个输入接口、2 个 6 输入的查找表、2 个加法器及 4 个寄存器。

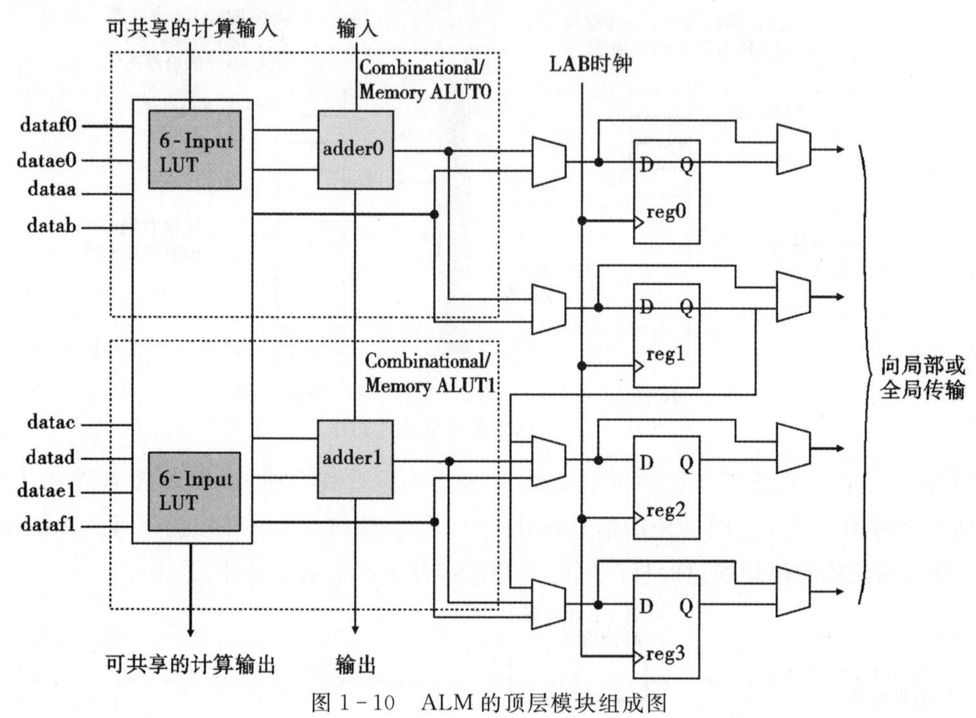

图 1-10 ALM 的顶层模块组成图

2. ALM 输出

一般而言，ALM 的输出可以驱动本地、行以及列布线资源。ALM 的输出中有两个可以驱动行、列以及直接连接布线资源；另外两个既可以驱动行、列以及直接连接布线资源，又可以驱动本地连线资源。

3. ALM 的操作模式

ALM 有以下 4 种操作模式，在设计综合过程中具体使用哪种模式一般是由 Quartus Ⅱ 软件自动进行分配。

（1）Normal Mode（正常模式），主要用于一般的逻辑与组合逻辑。

（2）Extended LUT Mode（扩展查找表模式），该模式可以用来实现寄存器打包，比如在 1 个 ALM 里，有 7 个输入的组合逻辑操作不需要经过寄存器输出，这样剩下的 1 个输入就可以使用寄存器进行寄存器打包（见图 1-11）。寄存器打包是 Quartus Ⅱ 软件布图工具中的一个优化选项，由 AUTO_PACKED_REGISTERS 控制。所谓寄存器打包就是将寄存器和组合逻辑 LUT、DSP、I/O 或者 RAM 块组合到一起。有些器件如果使用第三方综合工具，会将那些扇出到同一个寄存器的组合逻辑单元组合成一个逻辑单元。如有需要，Quartus Ⅱ的适配器可以执行额外的寄存器打包来对面积进行优化。

(3)Arithmetic Mode(算术模式)，适用于实现加法器、累加器、计数器和比较器等操作。

(4)Shared Arithmetic Mode(共享算术模式)。

通过图1-12，学习者可以更加全面地了解ALM内部结构。

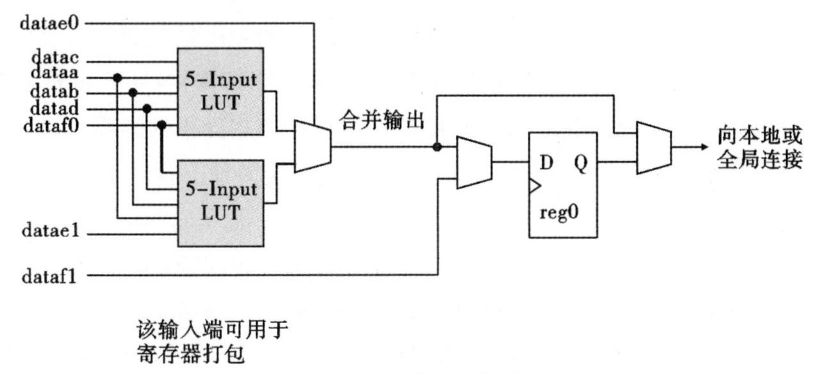

图1-11 寄存器打包

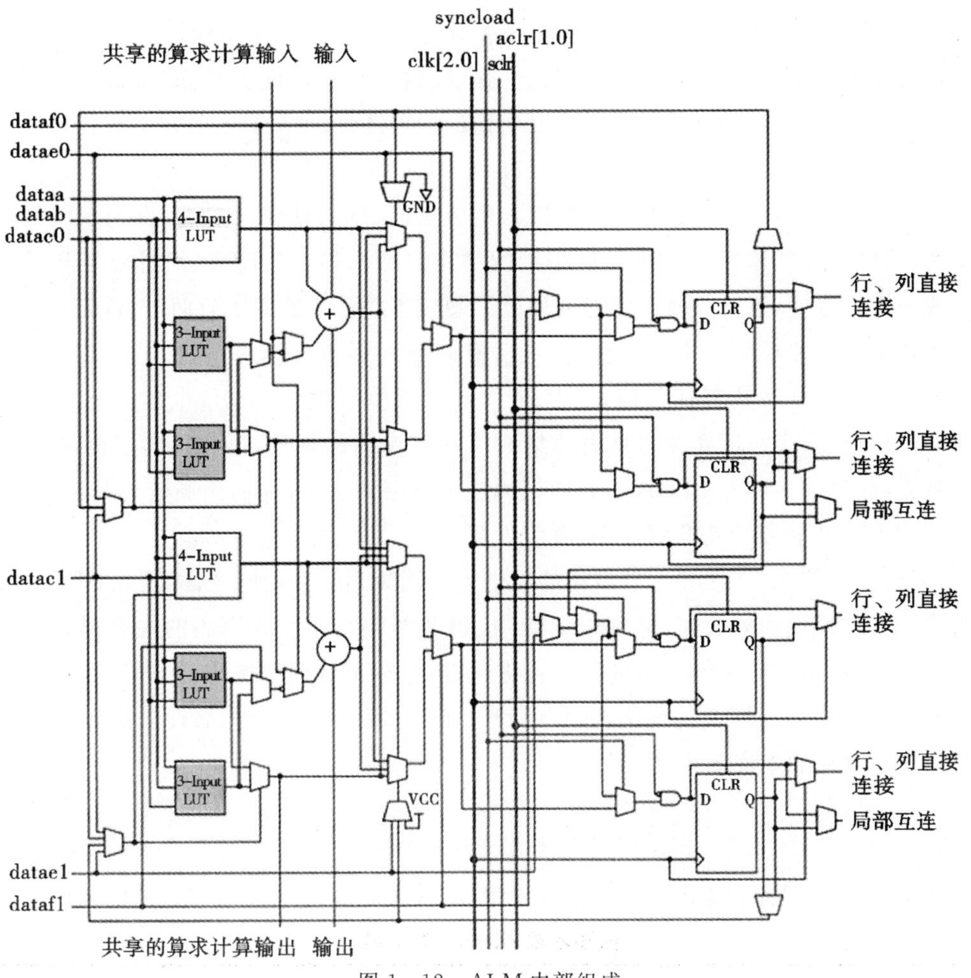

图1-12 ALM内部组成

1.2.3 FPGA 器件中软核、硬核及固核

在 FPGA 技术的学习过程中会接触到软核、硬核及固核等相关概念。IP 核是具有知识产权核的集成电路核芯的总称，是指经过反复验证过、具有特定功能的宏模块，其结构与组成与芯片的具体制造工艺无关，因此可以被移植到不同的半导体工艺中。到了 SOC 阶段，种类丰富且功能完备的 IP 核设计已成为 ASIC 电路设计公司和 FPGA 提供商的重要任务，同时也是其综合实力的集中体现。对于 FPGA 开发软件而言，其所能够提供的 IP 核资源越丰富，其产品用户的系统设计也就越方便快捷，同时其市场占用率也会相应得到提高。目前，能够实现各种功能的 IP 核已经成为 FPGA 系统设计的基本单元，并作为独立设计的成果被用于交换、转让和销售。

按照 IP 核的不同提供方式，通常可将其分为软核、硬核和固核这 3 种类型。从完成 IP 核所花费的成本来讲，硬核代价最大；而从使用灵活性来讲，软核的可重复使用程度最高。

(1)软核。软核在 EDA 设计领域指的是综合之前的寄存器传输级(RTL)模型；具体在 FPGA 设计中指的是对电路的硬件语言描述，包括逻辑描述、网表和帮助文档等相关资源。软核只是经过功能仿真，还需要经过 EDA 软件针对特定的目标芯片完成综合及布局布线之后才能使用。软核的优点是灵活性高、可移植性强，允许用户自己配置和修改；缺点是对模块的性能表现预测性较低，在后续设计中存在发生错误的可能性，因此具有一定的设计风险。软核是目前 IP 核应用最广泛的形式。

(2)硬核。内嵌专用硬核是相对底层嵌入的软核而言的，硬核在 EDA 设计领域指的是经过验证的设计版图；具体在 FPGA 设计中指的是布局结构和工艺固定、经过前端和后端广泛验证的成熟设计方案，设计人员不能对其修改。硬核不能修改的原因有两个：首先是系统设计对各个模块的时序要求很严格，不允许打乱已有的物理版图；其次是基于保护知识产权的要求，不允许设计人员对其有任何改动，从这点来看硬核等效于 ASIC 电路。通常为了提高 FPGA 器件的性能，生产厂商在芯片内部集成了一些专用的硬核。例如，为了提高 FPGA 的乘法计算速度，目前主流的 FPGA 芯片中都集成了专用乘法器；为适用通信总线与接口标准，很多高端的 FPGA 内部也都集成了串、并收发器。

(3)固核。固核在 EDA 设计领域指的是带有平面规划信息的网表；体现在 FPGA 设计中可以看作带有布局规划的软核，通常以 RTL 代码和对应具体工艺网表的混合形式提供。将 RTL 描述结合具体的标准单元库进行综合优化设计，以形成门级网表，再通过布局布线工具的规划即可下载使用。与软核相比，固核的设计灵活性稍差，但在可靠性上有较大提高。目前，固核也是 IP 核的主流形式之一。

1.2.4 FPGA 系统设计的 3 大法则

在基于 FPGA 器件的应用系统开发过程中，有 3 个基本设计法则需要开发者根据具体情况综合加以考虑：

(1)面积与速度的互换法则。这里的面积指的是 FPGA 的芯片内部资源，包括逻辑资源

和I/O资源等;而速度指的是FPGA器件工作的最高频率。在实际设计中,使用最小的面积设计出最高的速度是每一个开发者追求的目标,但是通常情况下“鱼和熊掌不可兼得”,因此系统的工程实现过程中如何在多项参数之间综合考虑并加以取舍,也就更能够体现出开发者的智慧与工程经验。

(2)速度换面积。速度优势可以换取面积的节约。面积越小,就意味着可以用更低的成本来实现产品功能。速度换面积的法则在一些较为复杂的算法设计中常常会用到。在这些算法设计中,流水线设计是经常用到的技术。在流水线的设计中,某些需要被重复使用但是使用次数不同的模块将会占用大量的FPGA片内资源。通过对FPGA器件的开发流程进行梳理和改造,将被重复使用的算法模块提炼成为最小的可复用单元,并利用这个最小的高速单元代替原设计中被重复使用但次数不同的模块。因此,从上面的分析可以看出,速度换面积设计法则的关键点在于高速基本单元的重复利用。

(3)面积换速度。在这种方法中通过面积的复制可以换取器件运行速度的提高。系统所支持的运行速度越高,就意味着可以实现更高的产品性能。因此,在一些注重产品性能的应用领域中可以采用并行处理技术,通过使用更多的片内资源来提升执行速度。

除了上述的3大设计法则以外,在FPGA系统开发中还必须兼顾硬件可实现性法则。对FPGA器件的功能设计通常会使用HDL(硬件描述)语言来进行,比如采用VHDL或者Verilog HDL。当采用HDL语言来描述一个硬件电路功能的时候,必须要确保代码所描述的电路是硬件可实现的,并充分考虑HDL的语言特点。例如,在C语言中经常会用到FOR循环语句,但在硬件描述语言中FOR语句的使用与C语言等软件编程语言相比有着较大的区别。以下面的伪代码为例:

```
FOR(i=0;i<16;i++)
    DoSomething( );
```

这样的代码在C语言中运行没有任何问题,然而在HDL环境下如果使用不当,在编译后就会导致综合后的资源严重浪费。主要原因就是FOR循环会被EDA软件的综合器展开为列举所有变量情况的执行语句,而每个变量都会独立占用寄存器资源,因此循环执行语句并不能有效地复用硬件逻辑资源,从而造成资源的大量浪费。简单来说就是FOR语句循环几次,就会将相同的电路结构在FPGA芯片内部复制几次,因此循环次数越多,占用芯片内部资源面积也越大,同时综合的过程也就越慢。

在FPGA系统设计中还应当尽量采用同步电路设计原则。同步电路和异步电路是FPGA系统设计时可以选用的两种基本电路结构形式。异步逻辑电路的最大缺点是多路信号的输入使得各信号在同时变化时很容易产生竞争和冒险现象。在数字电路设计中有两种情况会产生竞争:门电路两个输入信号同时向相反的逻辑电平跳变或同一信号经不同路径到达终点的时间有先有后的情况下都会出现竞争,由于竞争而在电路输出端可能产生尖峰脉冲的现象就称为竞争-冒险。组合逻辑电路的竞争-冒险现象会导致输出结果难以预料,并且电路输出端会产生尖峰脉冲。而同步设计的核心电路是由各种触发器构成的,这类电路的任何输出都是在某个时钟的边沿到达时刻驱动触发器而产生的。因此在 FPGA 系统设计中应该尽量采用同步设计方式以避免毛刺的产生,并保证系统工作稳定以及输出结果的可预测性。

1.2.5 FPGA 配置方式

根据系统设计的不同方案,FPGA 器件可以采用不同的配置方式。在使用主动串行配置模式对 Cyclone 系列的 FPGA 芯片进行配置时,必须将配置文件写入串行配置器件 EPCS 内部。FPGA 器件可以根据实际情况选择采用联合测试工作组(Joint Test Action Group,JTAG)、主动串行(Active Serial,AS)或被动串行(Passive Serial,PS)3 种配置模式中的 1 种。

(1)JTAG 模式,其工作特点是将配置文件直接下载到 FPGA 内部。由于 FPGA 内部存储器采用了 SRAM 结构,所以断电后需要重新下载,该模式适用于 FPGA 系统的调试过程。由于需要反复进行下载以进行系统设计方案的修改和验证,所以在数字电路设计实验中,更多的是采用 JTAG 模式对系统进行调试。

(2)在 AS 模式下,FPGA 器件在每次系统上电时作为控制器,由 FPGA 器件引导配置操作过程,它控制着外部存储器和系统初始化过程,FPGA 器件向配置器件 EPCS 主动发出读取数据信号,从而把 EPCS 内部存储的数据读入 FPGA 的内置存储器中,实现对 FPGA 芯片的编程,该配置模式适用于不需要经常升级的应用场合。

(3)PS 模式则是由外部计算机或者控制器来控制 FPGA 芯片的配置过程,通过加强型配置器件(如 EPC16、EPC8、EPC4 等)来完成。在这一模式下由 EPCS 作为控制器件,而把 FPGA 当作存储器,将编译后的配置数据写入 FPGA 的内部存储器,从而实现对 FPGA 器件的编程。该模式可以实现 FPGA 系统的在线可编程,因此具有升级方便的优点。

FPGA 器件在正常工作时,它的配置数据存储在芯片内部的 SRAM 中,当断电后再次加电时必须重新下载。通常用计算机或控制器进行调试时可以使用 PS 工作模式。在实用系统中,多数情况下必须由 FPGA 主动引导配置操作过程,这时 FPGA 将主动从外围专用存储芯片中获得配置数据,而此芯片中 FPGA 配置信息是采用普通编程器将设计文件烧录进去。下面将对这三种 FPGA 配置模式分别加以介绍。

1. JTAG 模式

JTAG 是一种国际标准测试协议(与 IEEE 1149.1 标准相兼容),主要用于芯片内部测试。现在多数高级器件都支持 JTAG 协议,如各类 DSP、FPGA 器件等。Altera 公司的 FPGA 器件基本上都支持采用 JTAG 命令进行配置的方式,同时 JTAG 配置方式与其他任何方式相比都具有更高的优先级。标准的 JTAG 接口采用 4 个必需的信号——TDI、TDO、TMS 和 TCK,分别为数据输入、数据输出、模式选择和时钟线,以及 1 个可选信号 TRST 构成,其中:TDI 用于测试数据的输入;TDO 用于测试数据的输出;TMS 为模式选择管脚,决定 JTAG 电路内部的 TAP 状态机的跳变;TCK 为测试时钟,其他信号线都必须与之同步;TRST 为可选,如果 JTAG 电路不用该信号,可以将其连接到 GND。

JTAG 模式下的 FPGA 连接方式可以参考图 1-13,用户可以使用 Altera 的下载电缆,也可以使用微处理器等智能设备从JTAG接口设置FPGA芯片。nCONFIG、MSEL和DCLK信号都是用在其他配置方式下。如果只用JTAG配置，则需要将nCONFIG拉高，将MSEL拉成支持JTAG的任一方式，并将DCLK拉成高或低的固定电平。

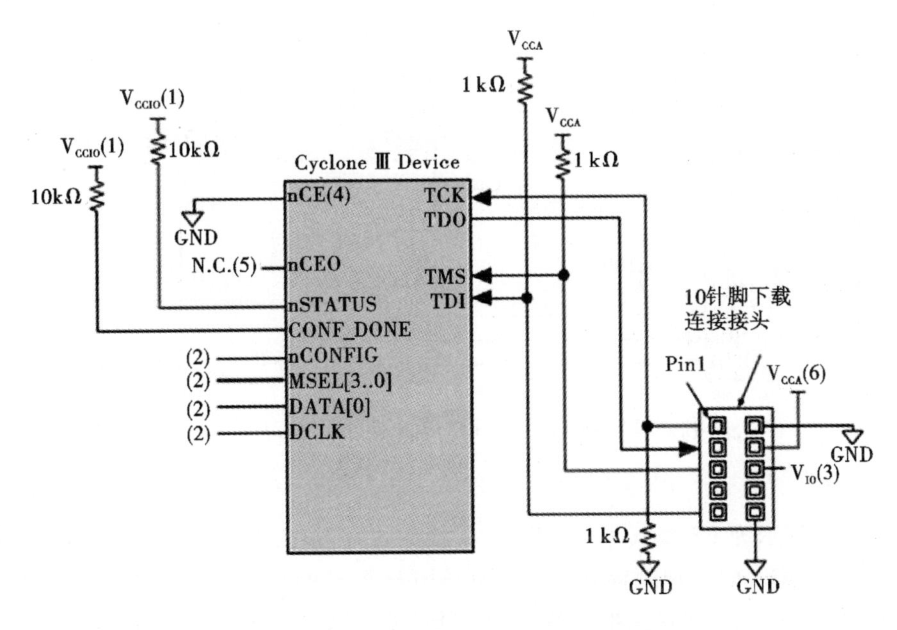

图1-13　JTAG模式下的FPGA连接方式

2. AS模式

如图1-14所示为AS模式下FPGA和串口配置芯片的连接方式，该模式是由FPGA器件引导配置操作，在此过程中由FPGA器件控制外部存储器和整个初始化过程。EPCS系列芯片，如EPCS1、EPCS4等配置器件专供AS模式下使用。在AS模式下使用Altera串行配置器件时，FPGA器件处于主动地位，而配置器件处于从属地位。配置数据通过DATA[0]引脚送入FPGA内部。配置数据被同步在DCLK输入上，1个时钟周期传送1位数据。AS配置器件是一种非易失性、基于FLASH技术的存储器，用户可以使用符合Altera技术规范的加载电缆或第三方编程器来对配置芯片进行编程，AS模式下配置器件与FPGA器件之间的接口采用以下4条信号线。

(1)串行时钟输入(DCLK)。该信号是由该配置模式下FPGA内部的振荡器(Oscillator)产生的，在配置完成后，该振荡器将被关掉，时钟工作频率为20 MHz。而FAST AS工作方式下(Stratix Ⅱ和Cyclone Ⅱ支持该种配置方式)，DCLK时钟工作频率为40 MHz。在Altera的主动串行配置芯片中，只有EPCS16和EPCS64的DCLK可以支持到40 MHz，而EPCS1和EPCS4只能支持20 MHz。

(2)AS控制信号输入(ASDI)。

(3)片选信号(nCS)。

(4)串行数据输出(DATA)。

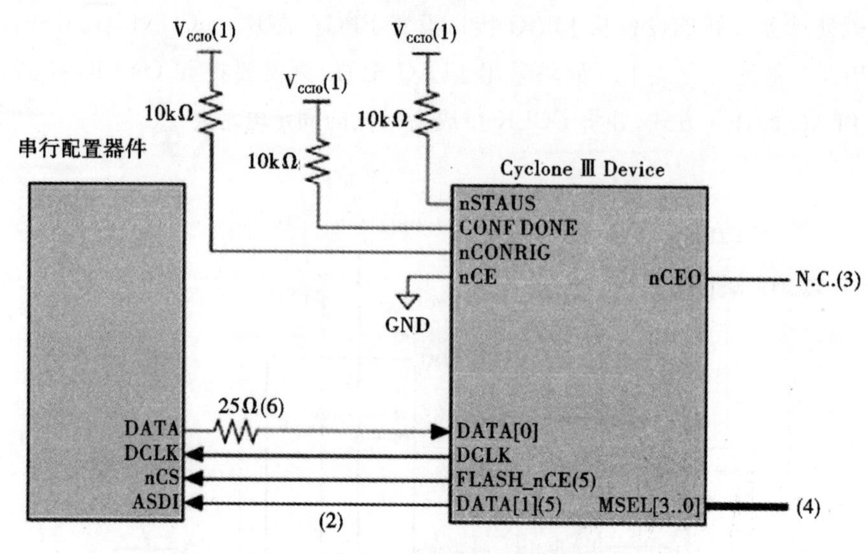

图 1-14　AS 模式下 FPGA 和串口配置芯片连接

3. PS 模式

如图 1-15 所示为 PS 模式下的 FPGA 连接方式，该模式是由外部计算机或控制器控制配置过程，是使用最多的一种配置方式。所有 Altera 公司的 FPGA 芯片都支持该配置模式。通过 Altera 的下载电缆、加强型配置器件（如 EPC16、EPC8、EPC4 等）或智能主机（如微处理器和 CPLD）来完成，在 PS 配置模式下，配置数据从外部储存部件（Altera 配置器件或电路板上其他 FLASH 器件）通过 DATA[0]引脚送入 FPGA 器件。配置数据在 DCLK 的上升沿锁存，1 个时钟周期传送 1 位数据。与 FPGA 的信号接口包括 DCLK（配置时钟）、DATA[0]（配置数据）、nCONFIG（配置命令）、nSTATUS（状态信号）和 CONF_DONE（配置完成指示）。

在 PS 模式下，FPGA 处于完全被动的地位。FPGA 接收配置时钟、配置命令和配置数据，给出配置的状态信号及配置完成指示信号等。PS 配置可以使用 Altera 的配置器件（如 EPC1、EPC4 等），既可以使用系统中的微处理器，也可以使用板上的 CPLD 器件，或者 Altera 的下载电缆。不管配置的数据源从哪里来，只要可以模拟出 FPGA 芯片所需要的配置时序，将配置数据写入 FPGA 就可以。在上电以后，FPGA 会在 nCONFIG 管脚上检测到一个从低到高的跳变沿，因此可以自动启动配置过程。

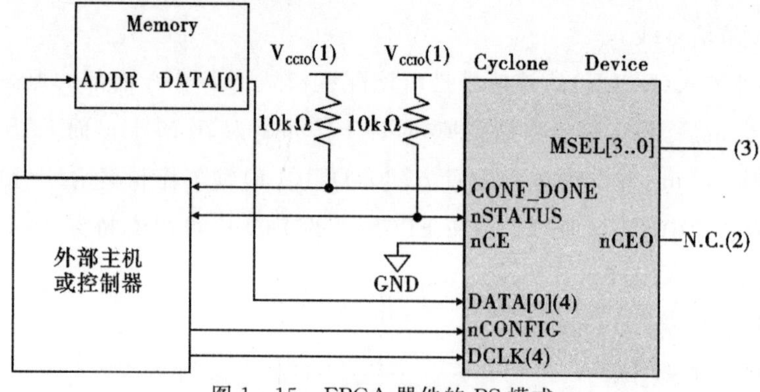

图 1-15　FPGA 器件的 PS 模式

第 2 章　VHDL 语言基本知识

2.1　关于 VHDL

VHDL 是美国国防部在 20 世纪 80 年代初为实现“高速集成电路硬件 VHSIC”计划而提出的硬件描述语言，其英文全名是 Very-High-Speed INtegrated Circuit Hardware Description Language。1987 年底，VHDL 被 IEEE 和美国国防部确认为标准硬件描述语言，自 IEEE 公布 VHDL 的标准版本 IEEE－1076 之后，VHDL 语言在电子设计领域获得了广泛认可，世界各大主要 EDA 软件设计公司都相继推出了自己的 VHDL 设计环境，或宣布己方出品的设计工具可与 VHDL 相兼容。在此之后，IEEE 持续致力于 VHDL 标准化工作，并在融合了其他 ASIC 芯片制造商开发的硬件描述语言优点的基础上，于 1993 年形成了标准版本（IEEE. STD_1164），从更高的抽象层次和系统描述能力上扩展 VHDL 语言的内容。

1995 年，我国国家技术监督局推荐 VHDL 作为电子设计自动化硬件描述语言的国家标准。目前，VHDL 和 Verilog 作为 IEEE 的工业标准硬件描述语言，得到了众多 EDA 公司的大力支持，在电子工程领域已成为事实上的通用硬件描述语言。有鉴于此，业内专家普遍认为，在 21 世纪中 VHDL 与 Verilog 语言将承担起几乎全部的数字系统设计任务。

2.1.1　数字系统设计中使用 VHDL 的优势

VHDL 语言主要用于描述数字系统的结构组成、行为方式、功能表现及接口规范等方面的内容。除了含有许多具有硬件特征的语句外，VHDL 的语言形式、描述风格和语法与一般的计算机高级语言十分类似。VHDL 语言的程序结构特点是将一项工程设计（或称设计实体，可以是一个元件、一个电路、一个模块或一个系统）分成外部（或称可视部分，即端口）和内部（或称不可视部分，即功能设计）两个组成部分，后者是实体的内部功能和算法实现部分。在对一个设计实体定义了外部界面后，一旦其内部开发完成，其他的工程设计就可以直接调用该实体并将其作为功能模块加以复用。这种将设计实体分解为内、外两部分的概念是采用 VHDL 语言进行系统设计的基本特点。采用 VHDL 进行 FPGA 工程设计的优点表现在以下诸多方面。

（1）与其他类型的硬件描述语言相比，VHDL 语言具有更强的数字电路逻辑行为描述能力，因此保证了它能够成为系统设计领域的最佳硬件描述语言。强大的行为描述能力是避开具体的器件内部结构和工艺，从逻辑行为上描述和设计大规模电子系统的重要保证。目前流行的 EDA 工具和 VHDL 综合器都能够将抽象的行为描述 VHDL 程序综合成具体型号的 FPGA 和 CPLD 等目标器件的网表文件，并且具有很高的优化效率。

(2)VHDL 语言最初是作为一种仿真标准格式出现的，其中所包括的类型丰富的仿真语句和库函数能够在任何系统的设计早期就被用于查验设计系统的功能可行性。VHDL 语言可以对系统设计进行仿真和模拟，使得设计者能够对整个工程设计的结构合理性做出判断和决策。

(3)VHDL 语句的行为描述能力和程序结构决定了它具有支持大规模设计的分解，以及对已有工程设计再利用的能力，因此非常适合产品开发需求。在复杂系统设计中采用 VHDL 语言，能够为多人甚至多个开发组远程和异地共同并行工作提供便利，从而保证系统设计的高效和快速。VHDL 语言中设计实体的概念、程序包的概念及设计库的概念都为工程设计的分解和并行工作提供了有力的支持。

(4)对于利用 VHDL 语言完成的工程设计，可利用 EDA 工具进行逻辑综合和优化，并自动地把 VHDL 功能描述设计转变成逻辑门级别的网表。这种方式突破了人工方式开展逻辑门级别电路设计的技术瓶颈，极大地缩短了电路设计时间并降低发生错误的可能，同时大幅度降低了复杂系统开发成本。通过合理使用 EDA 工具的逻辑优化功能，可以自动地把综合后的设计优化为更高效、更高速的电路系统。反过来，设计者还可以方便快捷地从综合和优化后的电路获得设计信息，并以此为根据重新修改 VHDL 设计描述，使系统功能更为完善。

(5)VHDL 语言对系统设计的描述具有相对独立性，设计者可以在不了解系统硬件的内部具体结构，也不必关注最终设计实现的目标器件是什么种类的情况下开展独立设计。正因为 VHDL 的功能描述方式与具体器件的工艺技术及硬件结构无关，所以使得采用 VHDL 语言所完成的设计的硬件实现目标器件有广阔的选择范围和系统灵活性。

(6)由于 VHDL 具有类属描述语句和子程序调用等功能，所以对于已完成的设计，在不改变源程序的条件下，只需要改变端口类属参量或函数，就能轻易改变设计的规模和结构。

如果要说 VHDL 语言可能存在的不足之处，就是其设计的最终实现取决于针对目标器件的编程器种类，选择不同的工具会导致综合质量有所区别。

2.1.2 自顶向下的系统设计方法

传统的电路设计方法都是自底向上的，即首先确定系统中可用的核心元器件，然后围绕这些器件进行逻辑设计，完成各个功能模块后再进行相互连接，最后形成完整的系统。而现代基于 EDA 技术的自顶向下的 Top-Down 设计方法正好相反，其基本流程是首先从整体上对系统设计做合理规划，然后逐步深入完善设计，对功能不断细化，以完成电路系统功能行为方面的设计。自顶向下的系统设计方法一般采用完全独立于具体器件物理结构的硬件描述语言，如 VHDL 或者 Verilog 语言等，从系统的基本功能或行为级上对设计的产品进行描述和定义，并进行多层次的仿真评估，在确保系统可行性与功能正确性的前提下完成系统设计。

以 VHDL 语言描述系统行为模型的目标就是确保使之具有可模拟性及正确的功能行为，这一切都可以在综合之前完成。由于具备数字系统的测试和仿真能力，在基于 FPGA 的系统开发中同样可以采用 VHDL 语言设计出相应的系统测试基准，在行为级上为电路模型产生激励信号，以检测系统响应的正确性。在行为级仿真测试中还能根据目标系统的需要，利用各种现成的 VHDL 仿真模型，如 MCU、RAM、ROM，以及其他类型 FPGA 和 ASIC 器件仿真模型等，对所设计的系统在整体运行层次上进行综合性能测试。在一切测试通过后，设计者再利用 EDA 工具的逻辑综合功能，把对电路功能的描述转换成针对具体目标芯片进行配置的网表数据文件。伴随着设计流程的不断下行，设计项目完成的详细程度也在逐渐增加。通过使用生产厂商提供的布局布线适配器进行逻辑映射及布局布线，再利用所产生的仿真文件完成功能和时序方面的验证工作，以确保实际生成系统的性能符合各项要求，设计者可将综合后的网表文件配置到可编程逻辑器件内部，以最终完成系统设计工作。将硬件系统的结构构成方式与系统的行为或算法方式相结合的描述，被称为混合层次描述，由于 VHDL 语言具有完备的表述能力，所以设计者就可以在更高的抽象层次上来描述系统的功能和结构。自顶向下的系统设计方法的优越性表现在以下四方面。

(1)由于顶层的功能描述可以完全独立于目标器件的具体结构，所以在系统设计的最初阶段，设计人员可不受芯片结构的约束，集中精力对产品进行最适应市场需求的设计，从而避免了传统设计方法中的再设计风险，并有效缩短产品的上市周期。

(2)设计成果的再利用能够得到有效保证。现代电子应用系统的开发与生产正向模块化，以及软、硬核相结合的方向发展。对以往成功的设计成果稍作修改并重新组合就能投入再利用，从而产生全新的或派生的设计模块，大大加快开发的进程，同时利用 VHDL 语言的设计成果还能够以 IP 核的方式进行存档。

(3)由于采用的是结构化开发手段，所以一旦主系统基本功能与组织结构得到确认，即可实现多人、多任务的并行设计工作方式，使得整体系统的设计规模和设计效率都得到大幅度提高。

(4)与传统开发模式相比较，采用自顶向下的设计思路在选择实现系统的目标器件的类型、规模及硬件结构等方面具有更大的自由度。

综上所述，基于现代 EDA 技术的自顶向下设计方法包括两个重要阶段，即行为仿真测试阶段和面向实现的综合阶段。在前一阶段里，整个系统设计的行为级仿真评估中大量使用现成的、以硬件描述语言表达的器件模型和测试模型；而在最终实现硬件系统的综合过程中，也同样大量使用现成的、以硬件描述语言表达的功能模块，即 IP 核心。作为优秀的行为级硬件描述语言，VHDL 无疑成了整个系统设计过程的主角，从顶层目标系统的构建、行为级仿真测试系统的表达、通用测试模型的程序、测试基准的设计直到可综合系统的行为描述、参与综合的 IP 核的具体表述、综合后产生的用于时序仿真的数据文件，乃至输出器件的网表文件，几乎全部可以采用 VHDL 语言来担任设计。

2.1.3　应用 VHDL 语言进行工程设计的 EDA 过程

如图 2-1 所示为目前广泛采用的针对目标器件为 FPGA 和 CPLD 的 VHDL 语言工程设计流程。推出 VHDL 语言的最初目的就是将其应用于大规模及超大规模集成电路的设计，作为一种标准硬件描述语言，将 VHDL 应用在工程开发领域需要借助 EDA 工具的支持，

VHDL 设计文件须依靠 EDA 软件转换为实际可用的电路网表，并由适配软件利用此网表文件对 FPGA 器件进行内部资源的布线连接。

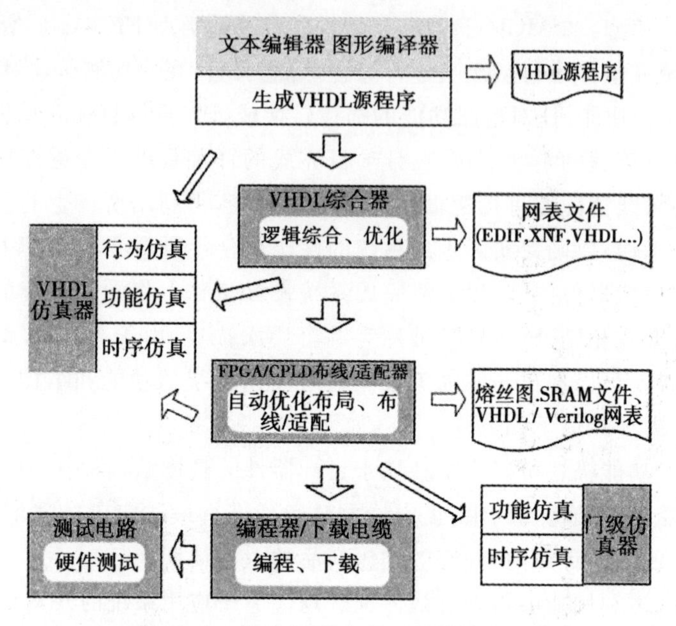

图 2-1 基于 VHDL 的工程设计流程

如图 2-1 所示，完整的 FPGA 设计流程包括 VHDL 程序设计，以及验证和分析这两个阶段，首先须利用 EDA 工具的文本编辑器或图形编辑器将系统设计所应当具备的功能用 VHDL 程序方式、图形方式、流程图方式或者状态图等多种方式表达出来，并通过 EDA 工具进行排错和编译，为进一步的逻辑综合做准备。

2.1.4 与其他 FPGA 设计输入方式的比较

在 FPGA 工程设计中，对于初学者而言采用原理图输入方式进行系统开发具有形象直观、便于入门的特点，因此得到广泛使用。采用原理图输入方式，需要利用 EDA 工具所提供的图形编译器。原理图输入方式与传统的电路图设计较为相似，但需要注意的是，在 FPGA 器件开发所使用的 EDA 工具中所画的电路原理图与利用 Protel 等电路设计软件所绘制的原理图有本质的区别，虽然从外观及器件连接方式来看颇有相似之处。由于图形编辑器中有许多现成的单元器件可供使用，而且使用者也可以根据自己的需要设计新元件，所以利用原理图输入方式设计 FPGA 工程相对直观，也较容易上手。然而原理图输入方式的优点同时也是它的缺点，限制了其在大型复杂系统开发中的应用。原理图输入方式的缺陷主要表现为以下几点。

(1)随着设计规模增大，基于原理图输入方式所展开的工程设计的易读性会迅速下降。面对原理图中密密麻麻的电路连线，后续的开发者很难搞清电路的实际功能，甚至是开发者自己经过一段时间后，也需要花费一定的时间来重新熟悉自己所完成的设计。

(2)采用原理图输入法的工程设计一旦完成，出于后续需求的变更而修改电路结构将变得十分困难，因而难以生成可供再利用的设计模块。

(3)移植困难、入档困难、交流困难、设计交付困难，因为在目前阶段不同EDA软件设计厂商之间尚不存在一个标准化的通用原理图编辑器。

状态图输入方式也是现阶段一种较先进的VHDL编辑方式，随着EDA技术的不断发展，多数图形化的VHDL设计软件中也提供了状态机图形工具，如State CAD Renoir、Active-FSM等。在这些图形工具中，可以用直观的方法以图形方式表示逻辑状态图，当填好时钟信号名、状态转换条件和状态机类型等要素后，EDA软件就可以自动生成VHDL程序，这种设计方式简化了状态机的设计。

当然，目前数字系统设计中最为通用的方法是采用文本方式输入VHDL程序，任何支持VHDL的EDA工具都支持文本方式的编辑和编译，在对设计工程进行综合以前可以先对VHDL语言所描述的功能开展行为仿真，即将设计源程序送到VHDL仿真器中仿真，因为此时的仿真只是根据VHDL的语义内容进行的，与具体电路没有关系，在这样的仿真过程中可以充分利用VHDL语言中用于仿真控制的语句，从而完成对于系统设计的功能完备性评估。合理有效地使用预定义函数及各类库文件是VHDL综合器对工程设计进行综合的重要环节，因为综合过程将在VHDL的软件设计与具体硬件的可实现性之间建立联系，是软件转化为硬件电路的关键步骤。由于VHDL仿真器的行为仿真功能是面向高层次的系统仿真，只能对基于VHDL语言的系统描述做功能可行性的评估测试，不针对任何硬件系统，因此基于这一仿真层次的某些VHDL语句不能被IDE软件中的综合器所接受，至少是现阶段这类语句无法在硬件系统中实现。

VHDL设计代码中综合器所不支持的语句将在综合过程中被忽略掉，因此综合后的结果是可以为硬件系统所接受的。在具有硬件可实现性的逻辑综合获得通过后，必须利用适配器将综合后的网表文件针对某一具体的目标器件进行逻辑映射操作。其中包括器件底层功能模块配置、逻辑分割、逻辑优化、布线与操作。适配完成后可以利用适配过程中所产生的仿真文件做更为精确的时序仿真。在完成综合过程后，VHDL代码通过EDA软件中的综合器处理可以生成一个VHDL网表文件，该网表文件中描述的电路与所生成的EDIF/XNF等网表文件相一致。

在基于FPGA器件开展工程设计中的功能仿真部分仅对VHDL语言所描述的逻辑功能进行测试模拟，以了解其实现的功能是否满足原设计要求，仿真过程不涉及具体器件的硬件特性，如时钟频率、延迟特性等。而时序仿真则是更为接近真实器件运行过程的仿真，仿真过程中需要将具体器件的硬件特性考虑进去，因而仿真精度要高得多。但时序仿真的仿真文件必须来自针对具体器件的布线，适配器所产生的仿真文件综合后所得的EDIF/XNF门级网表文件通常作为FPGA布线器或CPLD适配器的输入文件。在通过布线、适配的处理操作后，布线器与适配器将生成一个VHDL网表文件，该网表文件中包含了较为精确的延迟信息，网表文件中描述的电路结构与布线、适配后的结果是一致的。此时将这个VHDL网表文件送到VHDL仿真器中进行仿真，就可以得到精确的时序仿真结果。

如果以上的所有过程，包括编译、综合、布线/适配和行为仿真、功能仿真、时序仿真都没有问题，即满足原设计的要求，就可以将由FPGA/CPLD布线/适配器产生的配置/下载文件通过编程器或下载电缆载入目标芯片FPGA或CPLD芯片中，从而进入到设计流程的最后一个步骤，即硬件测试阶段。

尽管已进行了各层次的软件仿真，系统设计的硬件测试环节仍然是十分必要的。因为直接采用硬件测试能够在更真实的环境中检验 VHDL 设计的运行情况，特别是对于 VHDL 程序设计上不是十分规范、语义上含有一定歧义的程序。一般情况下 EDA 软件中的仿真器包括 VHDL 行为仿真器和 VHDL 功能仿真器，它们对于同一 VHDL 设计的理解，即仿真模型的产生结果与 VHDL 综合器的理解(即综合模型的产生结果)，有时会有不一致的情况发生。此外，由于目标器件功能的可行性约束，综合器对于 VHDL 代码设计的理解和实现通常在有限的范围内进行选择，而 VHDL 仿真器对代码的理解是纯软件行为，其理解的选择范围要宽很多。这种理解的偏差有可能会导致仿真结果与综合后实现的硬件电路在功能上出现一定程度的差异，由此可见在基于 VHDL 语言的数字系统设计流程中硬件仿真和硬件测试都是十分必要的环节。

在实际开发或 VHDL 语言学习过程中，以上各步骤须反复进行，直至既定的 VHDL 设计通过所有性能测试为止。当然，对于小型系统的开发或小规模的 VHDL 程序设计，以上仿真过程可以适当精简，如行为仿真和功能仿真环节可以酌情加以裁剪。

必须强调的是 EDA 工具与其他 CAD 工具有着本质上的区别，严格意义上 Protel、Pspice、EWB、PowerPCB 等电路绘制软件都不能称为 EDA 软件。如上所述，EDA 就是利用计算机软件方式的设计和测试，达到对既定功能的硬件系统的设计和实现。为此，典型的 EDA 工具中必须包含两个特殊的软件包或其中之一，即综合器和适配器。而诸如 Protel、Pspice、EWB、PowerPCB 等工具中则不包括这些软件包。综上所述，综合器的功能就是将设计者在 EDA 平台上完成的针对某个系统项目的 HDL 描述、原理图描述或者状态图形描述，针对给定的器件类型进行编译、优化、转换和综合，从而最终获得门级电路甚至更底层的电路描述文件。

由此可见，综合器工作前必须给定最后实现的硬件结构参数，它的功能就是将软件形式的功能描述与给定的硬件结构用某种网表类型文件的方式联系起来。显然，综合器是软件描述与硬件实现的桥梁与中介，综合过程就是将对电路系统的高级语言描述转换成较为底层的可与 FPGA/CPLD 或构成 ASIC 的门阵列基本结构相映射的网表文件。适配器的功能是将由综合器产生的网表文件配置于指定的目标器件中，从而产生最终的下载文件，如 JEDEC 格式等文件类型，适配所选定的 FPGA/CPLD 芯片必须属于原综合器指定的目标器件系列。对于一般的可编程模拟器件所对应的 EDA 软件来说，一般仅需包含一个适配器就可以了，如 Lattice 的 PAC-Designer。通常 EDA 软件中的综合器可由专业的第三方 EDA 公司提供，而适配器则须由 FPGA/CPLD 供应商自己提供，因为适配器的适配对象直接与器件具体结构相对应。

2.1.5 VHDL 语言特点

相对于其他计算机语言的学习，如 C 或汇编语言，VHDL 具有自身明显的特点。VHDL 的语言要素及设计概念最早是从美国军用计算机语言 ADA 发展而来的，利用 ADA 并行语言将软件系统分为许多进程，这些进程是同时运行的，进程之间通过信号来传递信息。VHDL 语言继承并把这种思想延伸到电路系统，认为电路系统是由许多并行工作的单元电路构成的，它们之间通过电信号来传递信息。

作为一种硬件描述语言，学习和掌握 VHDL 不仅仅需要了解较多的数字逻辑方面的硬件电路知识，包括目标芯片基本结构的知识，更重要的是必须认识到 VHDL 描述的对象始终是客观的电路系统，由于电路系统内部的子系统乃至部分元器件的状态和工作方式既可以是相互独立、互不相关的，也可以是互为因果的，所以在任一时刻电路系统内部可以有许多相关和不相关的事件同时并行发生。例如可以在多个独立的模块中同时进行不同方式的数据交换和控制信号传输。这种并行工作方式是任何一种基于 CPU 的软件程序语言所无法描述和实现的。传统的软件编程语言只能根据 CPU 的工作方式，以队列式指令的形式来对特定的事件和信息进行控制或接收。在 CPU 工作的任一时间段内只能完成一种操作，任何复杂的程序在一个单 CPU 的计算机中的运行永远是单向和一维的，因而程序设计者也几乎只需以一维的思维模式就可以编程和工作了。VHDL 语言则不同，它必须适应实际电路系统的工作方式，以并行和顺序等多种语句方式来描述在同一时刻中系统内部所有可能发生的事件。可以认为 VHDL 语言具有描述由相关和不相关的多维时空组合的复合体系统的功能，这就相应地要求系统设计人员摆脱固有的一维思维模式，以多维并发的思路来完成 VHDL 的程序设计。与此相对应，VHDL 语言的学习也应该适应并遵循这一思维模式的转换，并在实践过程中留心体会和观察其语言特点。

一般而言，利用 VHDL 语言进行复杂系统设计的初始阶段，可以在脱离具体目标器件的情况下进行。但在具体的工程实现中，应该清楚软件程序和硬件构成之间的联系，在考虑语句所能实现的功能的同时，必须考虑实现这些功能可能付出的硬件代价，要对这一程序可能耗费的硬件资源有较为明确的估计。由于任何规模的目标芯片的内部资源都是有限的，所以一条不恰当的语句、一个未经优化的算法、一项本可省去的操作都有可能大幅度增加硬件资源的占用量。对已经确定了目标器件的 VHDL 设计，资源的占用情况将显得尤为重要。一项成功的 VHDL 工程设计除了满足功能要求、速度要求和可靠性要求等项指标外，还必须尽可能少地占用硬件资源，这需要学习者在实践过程中不断总结经验，并提高通过调整软件设计来控制 FPGA 芯片内部硬件构成的能力。在 FPGA 工程中，每一项设计的资源占用情况既可以直接从适配报告中获得，也可以从综合后所产生的 RTL 原理图或逻辑门级的原理图中采用间接方式获得。

VHDL 语言的使用者也必须注意，VHDL 虽然也含有类似于软件编程语言的顺序描述语句结构，但其工作方式是完全不同的。软件语言中的语句是根据 CPU 的顺序控制信号，按时钟节拍对应的指令周期节拍逐条运行的，每运行一条指令都有确定的执行周期；但 VHDL 则不同，从表面上看 VHDL 的顺序语句与软件语句有相同的行为描述方式，但在标准的仿真执行中存在很大区别。VHDL 的语言描述只是 EDA 软件中综合器用以确定 FPGA 芯片内部硬件结构的一种依据，但是进程语句结构中的顺序语句的执行方式绝非是按时钟节拍运行的。

2.2　VHDL 语言数据类型与运算符

VHDL 是一种强数据类型的编程语言，要求设计实体中的每一个常数、信号、变量、函数及设定的各种参量都必须具有确定的数据类型,并且只有相同数据类型的参量之间才能互相传递并作用于彼此。

2.2.1 标识符

标识符在 VHDL 程序中用来定义常数、变量、信号、端口、子程序或者参数的名字。标识符可以由字母(A～Z,a～z)、数字(0～9)和下画线(_)等字符组成。对标识符的命名要求如下:

(1)首字符必须是字母;

(2)末字符不能为下画线;

(3)不允许出现两个连续的下画线;

(4)不区分大小写;

(5)VHDL 定义的保留字(关键字)不能用作标识符;

(6)标识符字符最长可以是 32 个字符;

(7)注释由两个连续的虚线(— —)引导。

2.2.2 关键字(保留字)

关键字(Keyword)是 VHDL 中具有特别含义的单词,只能作为固定的用途,用户不能用其作为标识符,因此如果在编程中错误使用了关键字作为变量名称,在编译过程中系统会给出相应的错误信息。在 VHDL 语言中常见的保留关键字主要包括 ABS, ACCESS, AFTER, ALL, AND, ARCHITECTURE, ARRAY, ATTRIBUTE, BEGIN, BODY, BUFFER, BUS, CASE, COMPONENT, CONSTANT, DISCONNECT, DOWNTO, ELSE, ELSIF, END, ENTITY, EXIT, FILE, FOR, FUNCTION, GENERIC, GROUP, IF, INPURE, IN, INOUT, IS, LABEL, LIBRARY, LINKAGE, LOOP, MAP, MOD, NAND, NEW, NEXT, NOR, NOT, NULL, OF, ON, OPEN, OR, OTHERS, OUT, PACKAGE, POUT, PROCEDURE, PROCESS, PURE, RANGE, RECODE, REM, REPORT, RETURN, ROL, ROR, SELECT, SHARED, SIGNAL, SLA, SLL, SRA, SUBTYPE, THEN, TRANSPORT, TO, TYPE, UNAFFECTED, UNITS, UNTIL, USE, VARIABLE, WAIT, WHEN, WHILE, WITH, XOR 和 XNOR 等。

2.2.3 数据对象

VHDL 语言中常用的数据对象包括常量、变量和信号 3 种类型。

(1)常量(CONSTANT)。常量是对某一常量名赋予一个固定的值,而且该值只能赋值一次。通常赋值在程序开始前进行,该值的数据类型则在说明语句中指明,其赋值符号为":="。常量的定义语句为

CONSTANT 常数名:数据类型:=表达式;

例如:

```
CONSTANT bus_width: integer := 8;  — —定义总线宽度为常数 8
```

注意：常量所赋的值应和定义的数据类型一致，同时在 VHDL 语言中采用“— —”作为注释标识，在该符号后的内容作为程序的注释内容，其作用只是为了增加代码的可读性，并不参与代码的编译过程。

常量在程序包、实体、构造体或进程的说明性区域内必须加以说明。

常量的作用范围如下：

1)定义在程序包内的常量可供所含的任何实体、构造体所引用；

2)定义在实体说明内的常量只能在该实体内可见；

3)定义在进程说明性区域中的常量只能在该进程内可见。

(2)变量(VARIABLE)。变量只能在进程语句、函数语句和过程语句结构中使用。变量的赋值是直接的、非预设的，分配给变量的值会立即生效成为当前值，变量不能用来表达 FPGA 内部的“连线”或存储元件，不能设置传输延迟量。变量的定义语句为

VARIABLE 变量名:数据类型 :=初始值;

例如：

VARIABLE count:integer 0 to 255:=20 ;— —定义 count 为整数变量，变化范围为 0～— —255，初始值为 20

变量的赋值语句为

目标变量名 := 表达式;

x:=10.0;— —实数变量赋值为 10.0

y:=1.5+x; — —运算表达式赋值

注意：表达式必须与目标变量的数据类型相同。

A(3 to 6):=“1101”; — —对位矢量 A 中的某些字段进行赋值

必须注意：在上面的位矢量赋值语句中，为单独的一位赋值用单引号表示，而多位赋值的时候需要使用双引号来表示，例如：

VARIABLE a,b : std_logic;　— —分别定义 a,b 为标准逻辑位类型

SIGNAL data : std_logic_vector(0 TO 3);　— —data 属于信号类型，并且被定义为位— —宽为 4 的逻辑位矢量

a :=‘0’;　— — 对变量 a 赋值

b :=‘1’;　— —对变量 b 赋值

data <=“1010”;　— —对逻辑位矢量 data 赋值

(3)信号(SIGNAL)。VHDL 语言中使用信号数据类型来表示逻辑门的输入或输出，在电路中信号的作用类似于连接线，另外也可以用来表达存储元件的状态。信号通常在构造体、程序包和实体中加以说明。信号的定义语句为

SIGNAL 信号名: 数据类型 :=初始值

例如：

SIGNAL clock:bit :=‘0’; — —定义时钟信号类型为 bit，初始值为 0

SIGNAL count:bit_vector(3 DOWNTO 0); — —定义 count 为 4 位宽度的位矢量

信号的赋值语句为

目标信号名 <= 表达式；

例如：

x<=9；

Z<=x AFTER 5 ns；— —在 5 ns 后将信号 x 的值赋予信号 Z

在 VHDL 语言的学习中必须注意变量与信号两种数据类型之间赋值符号的不同之处，在变量赋值中采用的赋值符号是“：=”，而信号赋值采用的赋值符号为“<=”。

VHDL 语言中，信号与变量这两种数据类型之间的不同主要有以下三点。

1）使用范围不同。信号是在结构体中定义的，其使用范围是全局；而变量只能在进程或是子程序中被定义和使用。

2）更新的时刻不同。信号只有在进程的结束时刻才被更新，此时的顺序结构可以认为是一种串联关系，当时钟上升沿到来时，组合逻辑得到最后的结果，再等待下一次上升沿的到来；而变量是只要变量被重新赋值了，则其值就立刻被更新。

3）综合性不同。信号可以被综合，因此可以在电路中实现；而变量不可以被综合，另外变量只是用于仿真。

VHDL 提供了信号（SIGNAL）和变量（VARIABLE）这两种对象来处理非静态数据，同时提供了 CONSTANT、GENERIC 来处理静态数据。VHDL 语言的初学者，对于信号和变量这两个对象容易混淆，故将这两者在使用上的区别和各自特点加以总结、整理如下。

（1）信号可以在 PACKAGE、ENTITY 和 ARCHITECTURE 中声明，而变量只能用在一段顺序描述代码的内部声明。因此，信号的作用范围是全局的，而变量通常是局部的。

（2）变量的值通常是无法直接传递到 PROCESS 外部的。如果需要进行变量值的传递，则必须把这个值赋给一个信号，然后由信号将变量值传递到 PROCESS 外部。

（3）另外，赋予变量的值是立刻生效的，在此后的代码中，此变量将使用新的变量值。这一点和 PROCESS 中使用的信号不同，新的信号值通常只有在整个 PROCESS 运行完毕后才开始生效。

（4）VHDL 中的信号代表的是逻辑电路中的“硬”连线，既可以用于电路单元的输入/输出端口，也可以用于电路内部各单元之间的连接。实体的所有端口都默认为信号。

（5）有关信号最重要的一点是，当信号用在顺序描述语句（如 PROCESS 内部）中时，它并不是立即更新的，信号值是在相应的进程、函数或过程完成后才进行更新的。对信号进行赋初始值的操作是不可综合的，只能用来进行仿真。

（6）变量仅用于局部的电路描述。它只能在 PROCESS、FUNCTION 和 PROCEDURE 内部使用，而且对它的赋值是立刻生效的，因此新的值可以在下一行中立即使用。仅用于顺序描述代码中。

表 2-1 对信号类型和变量类型在编程使用中的差别进行了表述和对比；表 2-2 通过分别采用信号和变量数据类型的两段 VHDL 代码以说明其运行结果的差异性，以供学习者加以分析和体会。

表 2－1　信号(SIGNAL)与变量(VARIABLE)之间的区别总结

数据类型	信号(SIGNAL)	变量(VARIABLE)
赋值方式	<=	:=
定义位置	在结构体中	在进程中
适用范围	全局	某个进程中
是否延迟	有	无
赋值时刻	在进程结束时	立即赋值

表 2－2　VHDL 代码设计中采用信号和变量类型的运行结果区别

ARCHITECTURE abc of example is
SIGNAL tmp: std_logic;
BEGIN
PROCESS(a,b,c)
tmp <= a;
X <= c and tmp;
tmp <= b;
Y <= c and tmp;
END PROCESS
END abc;
	ARCHITECTURE abc of example is
	BEGIN
	PROCESS(a,b,c)
	VARIABLE tmp: std_logic;
	tmp <= a;
	X <= c AND tmp;
	tmp <= b;
	Y <= c AND tmp;
	END PROCESS
	END abc;

结果： X = c AND b Y = c AND b	结果： X = c AND a Y = c AND b

2.2.4　VHDL 语言中常用数据类型

VHDL 的预定义数据类型是在 VHDL 标准程序包 STANDARD 中事先定义好，实际使用过程中，已经自动包含进 VHDL 源文件中，不需要通过 USE 语句显式调用就能够使用的数据类型。设计中常用的数据类型主要有下面几类。

(1)布尔类型(boolean)。布尔型数据不是数值，不能进行运算操作，一般用于关系运算符。在 std 库中的 standard 程序包中定义：

TYPE boolean IS (false, true); ——取值为 false 和 true

(2)位类型(bit)。在 std 库中的 standard 程序包中定义，在实际应用中，位类型可以用来描述总线的值：

TYPE bit IS ('0','1'); ——取值为 0 和 1，用于逻辑运算

(3)位矢量类型(bit_vector)。位矢量是位数据类型的矢量形式，采用数组的方式来表达，在 VHDL 代码设计中可以用于表示总线状态。在 std 库中的 standard 程序包中定义：

(bit_vector):TYPE bit_vector IS ARRAY (Natural range<>) OF bit;

——基于 bit 类型的数组，用于逻辑运算

下面的例子中定义了两个 8 位的位矢量，两者区别在于排列顺序的不同；

SIGNAL a:bit_vector(0 TO 7);

SIGNAL b:bit_vector(7 DOWNTO 0);

(4)字符类型(character)。用单引号将字符括起来。定义如下:

TYPE character IS (NUL, SOH,STX, ..., ' ', '!',...);

— —字符通常用单引号''标注起来,并且区分大小写

(5)字符串类型(string)。字符串是字符类型的矢量形式,其定义与赋值方法如下:

VARIABLE string_var: string(1 TO 7);— —字符串定义

string_var:="A B C D";

— —字符串赋值,通常用双引号""来标注,并且区分大小写

(6)整数类型(integer)。其取值范围 为$(-2^{31}-1)\sim(2^{31}-1)$,整数类型是可以综合的。用 32 位有符号的二进制数表示:

VARIABLE a:integer RANGE −63 to 63;

— —定义一个变量 a,其类型为整数并限制其取值范围为−63~63 之间

(7)实数类型(real)。其取值范围为 −1.0E38 ~+1.0E38,实数类型仅用于仿真而不可被综合:

43.6E−4 — —十进制浮点数

(8)IEEE 预定义的标准逻辑位。这种标准逻辑位共有 9 种状态(见表 2-3)。

表 2-3 标准逻辑位(std_logic)

U:UNINITIALIZED (未初始化)	X:FORCING UNKOWN(强未知)	0: FORCING 0 (强 0)
1: FORCING 1 (强 1)	Z:HIGH IMPEDANCE (高阻态)	W:WEAK UNKNOWN (弱未知)
L:WEAK 0 (弱 0)	H:WEAK 1 (弱 1)	—:DON'T CARE (忽略)

使用预定义的标准逻辑位数据类型的时候,在程序代码中必须要包含下面两条声明语句:

LIBRARY IEEE;

USE IEEE. std_logic_1164. all;

(9)标准逻辑位矢量(std_logic_vector)。逻辑位矢量是基于 std_logic 类型的数组;在 VHDL 代码设计中使用 std_logic 和 std_logic_vector 要调用 IEEE 库中的 std_logic_1164 程序包;就代码的综合过程而言,能够在数字器件中实现的是"−、0、1、Z"4 种状态。

在条件语句中,必须要全面考虑 std_logic 的所有可能取值情况,否则 EDA 软件的综合器可能会插入不希望的锁存器。

(10)用户自定义数据类型。VHDL 语言中可由用户定义的数据类型包括枚举类型、整数和实数类型、数组类型、记录类型和子类型等几种。其定义方式如下:

TYPE 数据类型名 IS 数据类型定义 OF 基本数据类型

或者

TYPE　数据类型名　IS　数据类型定义

自定义数据类型例子如下：

1)整数数组：

TYPE value_type IS ARRAY (127 DOWNTO 0) OF integer;

— —定义数据类型名称为 value_type,是一个宽度为 128 的整数数组

2)逻辑矩阵：

TYPE matrix_type IS ARRAY (0 TO 15, 0 TO 31) OF std_logic;

— —定义 matrix_type 数据类型,大小为 16×32 的矩阵,内部数据为逻辑位

3)枚举类型：

TYPE states IS (IDLE,DECISION,READ,WRITE);

— —定义 states 共有 4 种取值类型

TYPE bit IS ('0','1');

— —定义 bit 共有'0''1'2 种取值类型

(11)子类型数据(SUBTYPE)。其定义方式为

子类型名　IS　基本数据类型定义　RANGE　约束范围

例如：

SUBTYPE digit IS integer RANGE 0 to 9;

— —子类型 digit 是取值为 0～9 的整数

2.2.5　数据类型转换

VHDL 为强定义类型语言,不同类型的数据不能进行运算和直接赋值。在工程设计中可分别采取以下两种方法进行数据类型的转换。

(1)类型标记法。用类型名称来实现关系密切的标量类型之间的转换。

VARIABLE A:integer; — —A 为整数类型

VARIABLE B: real; — —B 为实数类型

A:=integer (B);— —将实数 B 转换为整数

B:=real(A);— —将整数 A 转换为实数

(2)函数法。VHDL 程序包中提供了多种数据类型转换函数,用于某些类型数据之间的相互转换操作,在 VHDL 代码编写过程中,使用者可以灵活使用这些函数以加快开发进度。例如在 std_logic_unsigned 包中,有

conv_interger(A);— —由 std_logic 转换为 integer 型

在"std_logic_1164""std_logic_arith"和"std_logic_unsigned"这 3 个程序包中提供了数据类型变换函数(见表 2-4)。

表 2-4　程序包与数据类型转换函数列表

程序包	函数名	功　能
std_logic_1164	to_std_logic_vector(A)	由 bit_vector 转换为 std_logic_vector
	to_bit_vector(A)	由 std_logic_vector 转换为 bit_vector
	to_std_logic(A)	由 bit 转换为 std_logic
	to_bit(A)	由 std_logic 转换为 bit
std_logic_arith	conv_std_logic_vector(A,位长)	由 integer_unsigned_signed 转换为 std_logic
std_logic_unsigned	conv_integer(A)	由 std_logic_vector 转换为 integer

2.2.6　属性

在 VHDL 语言中,属性用于提供关于信号、类型等数据对象的指定特性。在代码设计中常用的属性有以下几种。

(1)EVENT 属性:若属性对象有事件发生,则生成布尔值“TRUE”,否则返回 FALSE。在 VHDL 程序设计中常用来检查时钟边沿是否有效,例如:

Clock’EVENT AND Clock=‘1’;

— —有时钟边沿事件发生,事件发生后时钟为 1(对应时钟上升沿到达时刻)

(2)RANGE 属性:

d’RANGE — —返回矢量 d 的位宽范围

(3)REVERSE_RANGE 属性:

d’REVERSE_RANGE　— —按相反的次序返回矢量 d 的位宽范围

(4)’LEFT,’RIGHT ,’HIGH,’LOW,’LENGTH 属性:d’LEFT 表示 d 这个数组的最左边元素的下标;而 d’RIGHT 是指最右边元素的下标。如果定义信号 d 为 8 位逻辑矢量(最高位为左边第 7 位):

SIGNAL d: std_logic_vector(7 DOWNTO 0);

则根据其属性的类型可以分别得到以下结果:

d’LOW = 0,　　d’HIGH = 7,　　d’LEFT = 7,

d’RIGHT = 0,　　d’LENGTH = 8,　　d’RANGE = (7 DOWNTO 0),

d’REVERSE_RANGE = (0 TO 7)。

(5)通用属性语句:GENERIC 语句提供了一种指定常规参数的方法,所指定的参数是静态的,增加了代码的可重用性。GENERIC 语句必须在 ENTITY(实体)中进行声明,由 GENERIC 语句指定的参数是全局的,不仅可在 ENTITY 内部使用,也可在后面的整个设计中使用。语法结构如下:

GENERIC (parameter_name: parameter_type := parameter_value);

用 GENERIC 语句指定多个参数:

GENERIC (n:integer := 8; vector: bit_vector := “00001111”);

— —定义 n 为整数类型并赋值为 8，bit_vector 为 8 位 bit 矢量并赋值

2.2.7　运算符

运算符有以下几种。

(1)算术运算符：＋，－，*，/，MOD，REM，SLL，SRL，SLA，SRA，ROL，ROR，* *，ABS。

(2)关系运算符：＝，/＝，＜，＞，＜＝，＞＝。

(3)逻辑运算符：AND，OR，NAND，NOR，XNOR，NOT，XOR。

(4)赋值运算符：＜＝，:＝。

(5)关联运算符：＝＞。

(6)其他运算符：＋，－。

(7)并置操作符：&。首先定义两个逻辑数组 a、d 如下：

```
SIGNAL a : std_logic_vector(3 DOWNTO 0);
SIGNAL d : std_logic_vector(1 DOWNTO 0);
```

并置操作举例：

```
a <='1'&'0'&d(1)&'1'; — —元素与元素并置，并置后的数组长度为 4
IF a & d ="101011"THEN ... — —在 IF 条件句中也可以使用并置符进行判断
```

(8)移位运算符。移位运算符的左边为一维数组，其类型必须是 bit 或 boolean，右边必须是整数移位次数。

1)SLL：将位矢量左移，右边移空位补零；

2)SRL：将位矢量右移，左边移空位补零；

3)SLA：将位矢量左移，右边第一位的数值保持原值不变；

4)SRA：将位矢量右移，左边第一位的数值保持原值不变；

5)ROL 和 ROR：自循环左右移位。

移位运算举例如下：

```
"1100"SLL 1 ="1000" ,"1100"SRL 1 ="0110" ,"1100"SLA 1 ="1000"
"1100"SRA 1 ="1110" ,"1100"ROL 1 ="1001" ,"1100"ROR 1 ="0110"
```

2.2.8　VHDL 代码基本结构

完整的 VHDL 代码通常包括以下几部分：

(1)实体(ENTITY)：描述所设计的系统的外部接口信号，定义电路设计中所有的输入和输出端口；

(2)结构体(ARCHITECTURE)：描述系统内部的结构和行为；

(3)包集合 (PACKAGE)：存放各设计模块能共享的数据类型、常数和子程序等；

(4)配置 (CONFIGURATION)：指定实体所对应的结构体；

(5)库 (LIBRARY):存放已经编译的实体、结构体及包集合。

2.3 VHDL 语言基础

2.3.1 VHDL 程序结构

如何才算一个完整的 VHDL 程序或者说设计实体,并没有完全一致的结论,因为不同的程序设计目的可以有不同的程序结构。例如,对于在综合后具有相同逻辑功能的 VHDL 程序,设计者注重于系统的行为仿真和仅注重综合后的时序仿真,对程序结构的要求是不一样的,因为后者无须在程序中加入控制仿真的语句并设置相关的仿真参数。通常可以认为 一个完整的设计实体的最低要求应该能被支持 VHDL 的 EDA 软件中的综合器所接受,并且能作为一个独立设计单元,即以元件的形式而存在的 VHDL 程序。这里的所谓元件既可以被更高层次的系统所调用成为该系统的一部分,也可以作为一个电路功能块而独立存在和独立运行,图 2-2 所示为 VHDL 程序设计的基本结构。

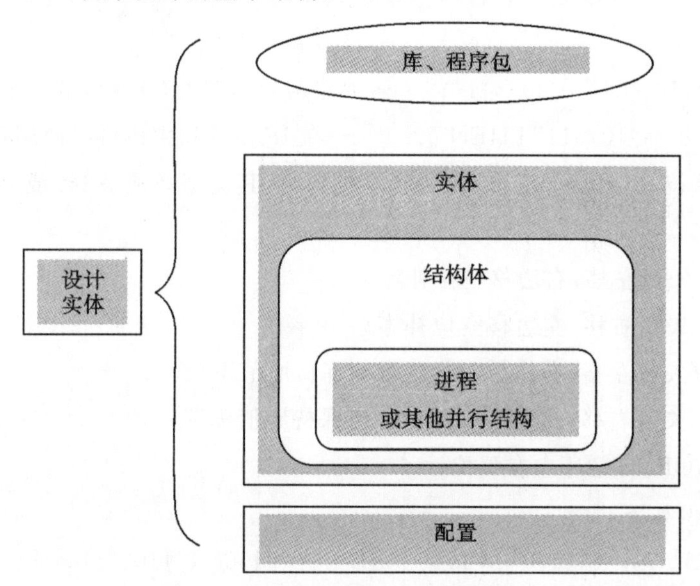

图 2-2 VHDL 程序设计基本结构

图 2-2 为一般意义上的 VHDL 结构模式,并不是必须具备的模式。在 VHDL 程序设计中实体 ENTITY 和结构体 ARCHITECTURE 这两个基本结构是必需的,它们可以构成最简单的 VHDL 程序。

VHDL 程序结构的一个显著特点就是任何完整的设计实体都可以分成内、外两个部分,外面的部分称为可视部分,由实体名和端口组成,它包含了对设计实体输入和输出的定义和说明;里面的部分称为不可视部分,由实际的功能描述组成。

通常 VHDL 程序结构中还应包括另一个重要的部分,即库 LIBRARY 和程序包 PACKAGE。一个实用的 VHDL 程序可以由一个或多个设计实体构成。在工程设计中既可以将一个设计实体作为一个完整的系统直接利用，也可以将其作为其他设计实体的一个低层次的结构元件来使用。元件调用和连接就是通过设计实体来实现一个具体器件与外界的连接关系，这正是一种基于自顶向下的多层次系统设计概念的实现途径。

实体的功能是对这个设计实体与外部电路进行接口描述，实体是设计实体的表层设计单元。实体说明部分规定了设计单元的输入、输出接口信号或者引脚，它是设计实体与外界通信的界面。就一个设计实体而言，外界所能够看到的仅仅是它界面上所提供的各种接口，设计实体可以拥有一个或多个结构体，用于描述此设计实体的内部连接关系和逻辑功能，对于使用者来说，结构体这一部分是不可见的。

VHDL 程序的基本设计单元结构包括程序包说明、实体说明和结构体说明三部分。下面的示例代码设计了一个二分频电路。

```
LIBRARY  IEEE;  ——库、程序包的调用说明
USE  IEEE.STD_LOGIC_1164.ALL;
------------------------------------------------------------
ENTITY  FreDevider  IS  ——实体声明
PORT
    (Clock: IN STD_LOGIC;
    ClkOUT: OUT STD_LOGIC
);
END;
------------------------------------------------------------
ARCHITECTURE Behavior  OF  FreDevider  IS  ——结构体定义
  SIGNAL  Clk: STD_LOGIC;
  BEGIN
    PROCESS(Clock)
    BEGIN
      IF RISING_EDGE(Clock) THEN
        Clk<=NOT Clk;
      END IF;
    END PROCESS;
  ClkOUT<=Clk;
END;
```

示例代码中 LIBRARY IEEE 表示需要使用 IEEE 库，因为 IEEE 库不属于 VHDL 的标准库，所以需要使用库的内容时候需要事先声明；USE 和 ALL 是关键词，示例中的第二句代码表示允许使用 IEEE 库中 STD_LOGIC_1164 程序包中的所有内容。

2.3.2　库文件的声明

在 VHDL 程序中，库文件用来存放已经编译过的实体说明、结构体、程序包和配置等内

容，用作其他设计单元的共享资源。设计库由若干程序包组成，每个程序包都有一个包声明和一个可选的包体声明。

VHDL 代码设计中的常用库包括以下三大类：

(1)IEEE 设计库：IEEE；

(2)标准设计库：STD；

(3)用户现行工作库：WORK。

下面对这三类常用库分别加以说明。

(1)IEEE 库：是 VHDL 设计中最常用的资源库，包含 IEEE 标准的 STD_LOGIC_1164、NUMERIC_BIT、NUMERIC_STD 及其他一些支持工业标准的程序包。其中最重要和最常用的是 STD_LOGIC_1164 程序包，大部分程序都是以此程序包中设定的标准作为设计基础。

(2)STD 库：是 VHDL 的标准库，VHDL 在编译过程中会自动调用这个库，因此使用时不需要用语句另外说明。

(3)WORK 库：是用户在进行 VHDL 工程设计时的现行工作库，用户的设计成果将自动保存在这个库中，是用户自己的仓库，同 STD 库一样，使用该库不需要任何声明。

2.3.3 程序包

在 VHDL 程序设计中经常要使用的另一个重要概念就是"程序包(PACKAGE)"，程序包的基本说明如下。

(1)程序包是用 VHDL 语言编写的一段程序。

(2)在一个设计中，实体部分所定义的数据类型、常量和子程序可以在相应的结构体中使用，但在一个实体的声明部分和结构体部分中定义的数据类型、常量及子程序却不能被其他设计单元使用。因此，程序包的作用是可以使一组数据类型、常量和子程序能够被多个设计单元共同使用。

(3)程序包分为包头和包体两部分。包头(也称程序包说明)是对包中使用的数据类型、元件、函数和子程序进行定义，其形式与实体定义类似。包体规定了程序包的实际功能、存放函数和过程的程序体，而且还允许建立内部的子程序、内部变量和数据类型。包头、包体均以关键字 PACKAGE 开头。程序包格式如下：

```
包头格式:PACKAGE   程序包名   IS
  [包头说明语句]
END 程序包名;

包体格式:PACKAGE BODY   程序包名   IS
  [包体说明语句]
END 程序包名;
```

调用程序包的通用模式为

```
USE   库名.程序包名.ALL;
```

现在针对 IEEE 库进行以下说明。

在 VHDL 程序设计过程中经常要使用到的 STD_LOGIC_1164、STD_LOGIC_ARITH 和 STD_LOGIC_UNSIGNED 这 3 个程序包都不在 VHDL 的 STD 库中，而是包含在 IEEE 库中。STD_LOGIC_1164 程序包声明了 STD_ULOGIC 类型及其决断子类型 STD_LOGIC，也声明了这种类型构成的数组 STD_LOGIC_VECTOR，还有这些类型的逻辑运算符函数。

STD_LOGIC 是在 IEEE 的 STD_LOGIC_1164 程序包中说明的一种类型，STD_LOGIC 属于一种决断类型，其具体含义是：如果一个信号由多个驱动器驱动，则调用预先定义的决断函数以解决冲突并决定赋予信号哪个值。这意味着 STD_LOGIC 可以用在三态总线一类的情况下，多个驱动器可以驱动同一条总线，但通常不是同时到达的。而如果一个 STD_ULOGIC 类型（非决断类型）的信号由两个以上的驱动器驱动，将导致错误，因为 VHDL 不允许一个非决断信号由两个以上的驱动器驱动。

如果需要使用 STD_LOGIC 类型，并只做逻辑类运算的话，只需要声明 LIBRARY IEEE 和 USE STD_LOGIC_1164. ALL 就可以了。

但如果需要进行 STD_LOGIC 类型的算术运算，就还要再声明 STD_LOGIC_ARITH 程序包；如果算术运算的操作数是 STD_LOGIC_VECTOR 类型，则根据需要做带符号算术运算还是无符号算术运算来决定是声明 STD_LOGIC_SIGNED，还要再将 STD_LOGIC_UNSIGNED 程序包的声明加入程度的头部。

IEEE 库中常用的预定义程序包有以下 4 种。

（1）STD_LOGIC_1164 程序包。STD_LOGIC_1164 程序包定义了一些数据类型、子类型和函数。数据类型包括 STD_ULOGIC、STD_ULOGIC _VECTOR、STD_LOGIC 和 STD_LOGIC _VECTOR，使用最多的是 STD_LOGIC 和 STD_LOGIC_VECTOR 数据类型。调用 STD_LOGIC_1164 程序包中的项目需要使用以下语句：

```
LIBRARY IEEE;
USE IEEE.STD_LOGIC_1164.ALL;
```

该程序包预先在 IEEE 库中编译，是 IEEE 库中最常用的标准程序包，其数据类型能够满足工业标准，并适用于 CPLD（或 FPGA）器件的多值逻辑设计结构。

（2）STD_LOGIC_SIGNED 程序包。该程序包预先编译在 IEEE 库中，也是 Synopsys 公司的程序包。主要定义有符号数的运算，重载后可用于 integer（整数）、STD_LOGIC（标准逻辑位）和 STD_LOGIC _VECTOR（标准逻辑位矢量）之间的混合运算，并且定义了 STD_LOGIC _VECTOR 到 integer 的转换函数。

（3）STD_LOGIC_UNSIGNED 程序包。该程序包用来定义无符号数的运算，其他功能与 STD_LOGIC_SIGNED 相似。

（4）STD_LOGIC_ARITH 程序包。STD_LOGIC_ARITH 是美国 Synopsys 公司的程序包，预先编译在 IEEE 库中。主要是在 STD_LOGIC_1164 程序包的基础上扩展了 UNSIGNED（无符号）、SIGNED（有符号）和 SMALL_INT（短整型）3 个数据类型，并定义了相关的算术运算符和和数据类型转换函数，允许数据从一种类型转换到另一种类型。建议初学者同时声明 3 个库：

```
LIBRARY IEEE;
USE IEEE.STD_LOGIC_1164.ALL;
USE IEEE.STD_LOGIC_ARITH.ALL;
USE IEEE.STD_LOGIC_UNSIGNED.ALL;
```

2.3.4 实体

VHDL 工程中的实体描述了设计单元的输入、输出接口信号或引脚，是设计实体经过封装后对外可见的通信接口。实体的定义方式如下：

```
ENTITY 实体名 IS
    [ GENERIC(常数名:数据类型:设定值)]
    PORT
    (端口名 1:端口方向 端口类型;
    端口名 2:端口方向 端口类型;
    ⋮
    端口名 n:端口方向 端口类型
);
END [实体名];
```

实体名由设计者自由命名，用来表示被设计电路芯片的名称，但是必须与 VHDL 程序的文件名称相一致；学习者可以参考如图 2-3 所示的分频器的实体定义代码。

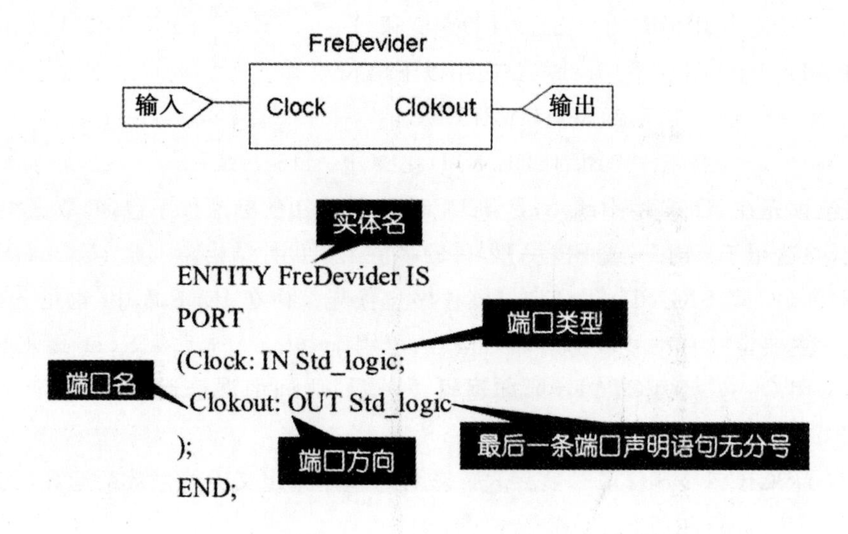

图 2-3　分频器的实体定义

实体中的类属 GENERIC 说明如下。

类属为设计实体与外界通信的静态信息提供通道，用来规定端口的大小、实体中子元件的数目和实体的定时特性等。类属的定义格式如下：

```
GENERIC(常数名:数据类型:设定值;
         ⋮
         常数名:数据类型:设定值);
```

例如:

```
GENERIC(WIDE:integer:=32);——说明 WIDE 为整数 32
GENERIC(TMP:integer:=1NS);——说明延时 1 ns
```

在实体中所声明使用的端口共有 4 种类型:IN、OUT、INOUT 及 BUFFER,其信号传输的方向各不相同,详细功能描述见表 2-5。

表 2-5　端口类型列表与端口特点

方向符号	含 义
IN(输入)	信号进入实体内部,实体内部的信号不能从该端口输出
OUT(输出)	信号从实体内部输出,不能通过该端口反馈在实体内部使用
INOUT(双向)	信号可以输入到实体内部,还能从实体内部输出,也允许用于内部反馈
BUFFER(缓冲)	信号输出到实体外部,也可以通过该端口在实体内部反馈使用

其中"OUT"和"BUFFER"类型都可定义为输出端口,如图 2-4 所示。

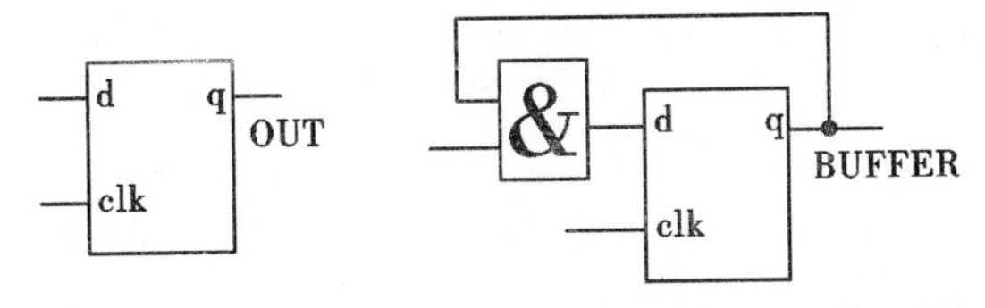

图 2-4　分别采用"OUT"及"BUFFER"类型定义的输出端口比较

注意:如果实体内部需要反馈输出信号,则输出端口必须被设置为"BUFFER",而不能为"OUT"。

在实体内部的端口声明中,同方向、同类型的端口可放在同一个说明语句中,例如:

```
ENTITY   Full_adderIS
PORT( a, b, c: IN   BIT;
     sum, carry: OUT   BIT
);
END  Full_adder;
```

实体声明中 a, b, c 同属输入端口,且数据类型为 BIT;而 sum, carry 同属输出端口,数据类型也是 BIT。

2.3.5　结构体

在 VHDL 代码中结构体定义了设计单元的具体功能,描述了该设计单元的行为,以及元件内部的连接关系,结构体的声明关键字为 ARCHITECTURE。另外,结构体是一个从属单元,不能独立于模块中,必须与实体声明联合使用。而一个实体声明可以有多个结构体。结构体的定义方式如下：

```
ARCHITECTURE 结构体名  OF  实体名  IS
  [声明语句]
BEGIN
  [功能描述语句]
END [结构体名]；
```

其中，声明语句用于声明该结构体将用到的信号、数据类型、常数、子程序和元件等，声明内容的作用范围是局部的；功能描述语句具体描述结构体的功能和行为。

(1)一个实体可对应多个结构体，每个结构体代表该实体功能的不同实现方案或不同实现方式。同一时刻只有一个结构体起作用，通过 CONFIGURATION 决定用哪个结构体进行仿真或综合。

(2)在结构体描述中，具体给出了输入、输出信号之间的逻辑关系。下面是时钟信号的二分频电路的结构体示例代码：

```
ARCHITECTURE  Behavior OF FreDevider  IS — — 结构体 FreDevider 的定义
  SIGNAL Clk: STD_LOGIC;— —信号 Clk 声明为 STD_LOGIC 类型
BEGIN
  PROCESS(Clock) — —进程语句，敏感列表中包括 Clock 信号
    BEGIN
      IF Rising_edge(Clock) THEN — —当时钟 Clock 上升沿到达时
        Clk<=NOT Clk;— —Clk 信号取反
      END IF;
  END PROCESS;
ClkOUT<=Clk;— —将信号送入输出端
END;
```

结构体在描述模块的内部功能的实现时，通常可以采取 3 种方式，即行为描述、数据流描述和结构描述。

(1)行为描述是抽象层次最高的描述方式。主要使用电路的行为特性来描述系统功能设计。在 VHDL 中通常用 PROCESS 的方式开展行为描述。

(2)数据流的描述方式主要使用 VHDL 语言的标准布尔函数，将信号之间的布尔代数关系用布尔方程式来表示。

(3)结构描述主要通过下层模块的声明和调用来实现，即通过端口映射的方法将下层模块相互连接，以构成对电路的结构性描述。

2.3.6 VHDL 语句

在 VHDL 语言中可以根据系统功能需要综合采用并行与顺序语句进行设计，其中的并行语句是指在结构体中的执行是同时进行的，执行顺序与代码编写的顺序无关。

并行信号中的赋值语句包括以下几种。

(1)简单赋值语句。

目标信号名 <= 表达式　— —要求目标信号的数据类型与右边表达式一致

例如：

Clk <= NOT Clk;　— —对 Clk 信号取反

(2)选择信号赋值语句。利用 WITH 语句对表达式的值进行选择：

```
WITH  选择表达式  SELECT
    赋值目标信号 <= 表达式 1  WHEN  选择值 1,
        表达式 2  WHEN  选择值 2,
                ⋮
        表达式 n  WHEN  OTHERS;
```

在使用 WITH 进行判断时，选择值要覆盖所有可能情况，若不能一一指定，用 OTHERS 为其他情况找个出口；选择判断值之间必须互斥，不能出现条件重复或重叠的情况。

下面以 4 路选择器的设计为例，说明选择赋值语句的基本使用方法，首先通过表 2 - 6 所示的真值表对 4 路数据选择器的逻辑功能加以描述。

表 2 - 6　4×1 多路选择器功能真值表

地址选线 Sel 状态	输出 DOUT
00	Data0
01	Data1
10	Data2
11	Data3

```
LIBRARY IEEE;
USE IEEE.STD_LOGIC_1164.ALL;
ENTITY MUX IS
PORT
   ( Data0,Data1,Data2,Data3:IN STD_LOGIC_VECTOR(7 DOWNTO 0);
   — —Data0,Data1,Data2,Data3 均为 8 位逻辑矢量,并且为器件的 4 路可选择输入
   Sel:IN STD_LOGIC_Vector(1 DOWNTO 0); — —2 位通道选择信号
   DOUT:OUT STD_LOGIC_Vector(7 DOWNTO 0)   — —输出为 8 为逻辑矢量
   );
END;
ARCHITECTURE  DataFlow  OF  MUX IS-- 声明数据选择器的结构体
BEGIN
   WITH  Sel  SELECT    --使用 WITH 语句对 Sel 的状态进行判断
     DOUT <= Data0 WHEN"00", -- 根据 Sel 的值选择输出通道
```

```
        Data1 WHEN "01",
        Data2 WHEN "10",
        Data3 WHEN "11",
        "00000000" WHEN  OTHERS;
END;
```

(3)条件信号赋值语句。条件信号赋值语句的定义方式为

```
赋值目标信号 <= 表达式 1  WHEN  赋值条件 1  ELSE
                表达式 2  WHEN  赋值条件  2  ELSE;
                          ⋮
                表达式 n  WHEN  赋值条件 n   ELSE 表达式;
```

各赋值语句有优先级的差别,按书写顺序从高到低排列;各赋值条件可以重叠,这一点与利用 WITH 选择信号并赋值有着重要区别。

下面采用优先编码器的 VHDL 代码设计来说明条件信号赋值语句的使用方式。从本质来说优先编码器是一种能将多位二进制输入压缩成更少数目输出的电路或算法,常用于在处理最高优先级请求时控制中断请求。如果同时有两个或以上的输入作用于优先编码器,优先级最高的输入将会被优先输出。

表 2-7 的真值表用于说明 8 线-3 线编码器的逻辑功能,其中 H 代表高电平,L 代表低电平,而 X 代表无关项,既可以是 1 也可以是 0,也就是说不论无关项的值是什么,都不影响输出的结果,只有最高优先级的输入有变化时,输出才会改变。

表 2-7 8 输入优先编码器真值表

INPUTS								OUTPUTS		
I7	I6	I5	I4	I3	I2	I1	I0	A2	A1	A0
H	X	X	X	X	X	X	X	1	1	1
L	H	X	X	X	X	X	X	1	1	0
L	L	H	X	X	X	X	X	1	0	1
L	L	L	H	X	X	X	X	1	0	0
L	L	L	L	H	X	X	X	0	1	1
L	L	L	L	L	H	X	X	0	1	0
L	L	L	L	L	L	H	X	0	0	1
L	L	L	L	L	L	L	H	0	0	0

下面是优先编码器的 VHDL 设计实现,其管脚定义如图 2-5 所示。

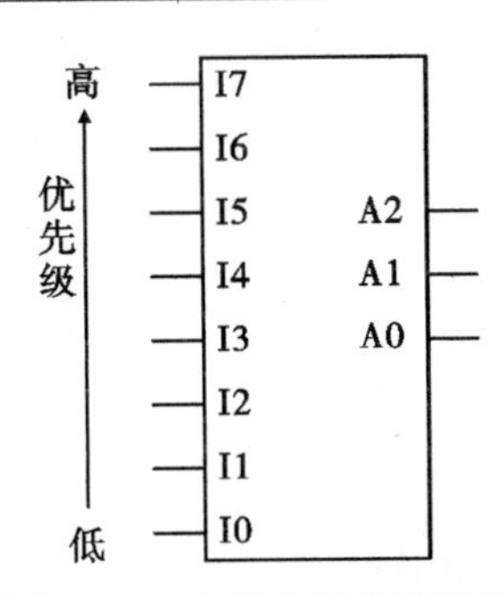

图 2－5　8 输入优先编码器

下面通过 8 输入优先编码器设计代码的示例，用以说明代码编程中与 WITH 选择信号并赋值方式之间的区别：

```
LIBRARY  IEEE;
USE  IEEE.STD_LOGIC_1164.ALL;
ENTITY  Priority_Encoder  IS
PORT
  ( I:IN STD_LOGIC_VECTOR(7 DOWNTO 0);
    A:OUT STD_LOGIC_Vector(2 DOWNTO 0));
END;
ARCHITECTURE  DataFlow  OF  Priority_Encoder  IS
                              ——利用条件进行判断，优先级按高低依次排列
    A<="111"WHEN I(7)='1'  ELSE  ——此处优先级最高
                              "110"WHEN I(6)='1'  ELSE
                               "101"WHEN I(5)='1'ELSE
                               "100"WHEN I(4)='1'ELSE
                              "011"WHEN I(3)='1'  ELSE
                              "010"WHEN I(2)='1'  ELSE
                              "001"WHEN I(1)='1'  ELSE
                              "000"WHEN I(0)='1'  ELSE
                                                "111";
END;
```

(4)进程语句。在 VHDL 代码设计的结构体中，进程内部定义的语句模块用来处理从外部获得的信号值或者内部的运算数据，并在完成处理后向其他的信号进行赋值，FPGA 内部进程与时钟的关系如图 2－6 所示。

1)进程本身是并行语句，但内部是顺序语句。

2)进程只有在特定的时刻(敏感信号发生变化)才会被激活。进程语句的使用方法如下：

```
[进程标号] PROCESS (敏感信号参数表)
——一个进程可以有多个敏感信号，任一敏感信号发生变化都会激活进程
[声明区];  ——对需要使用的变量和信号进行声明
BEGIN
```

顺序语句

END PROCESS[进程标号];

3)进程与时钟。根据设定的条件在每个上升沿(或下降沿)启动一次进程(执行进程内所有的语句)。当设计工程中同时存在多个内部进程的时候,进程的工作原理及不同进程之间的逻辑关系如图 2-7 所示。

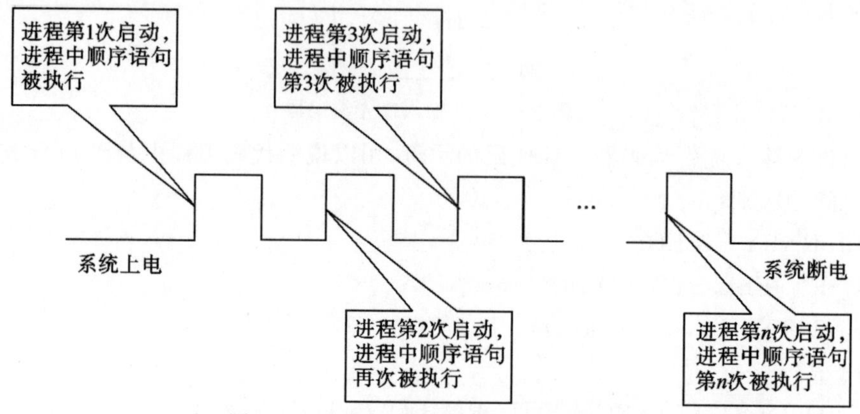

图 2-6　FPGA 内部进程与时钟的关系

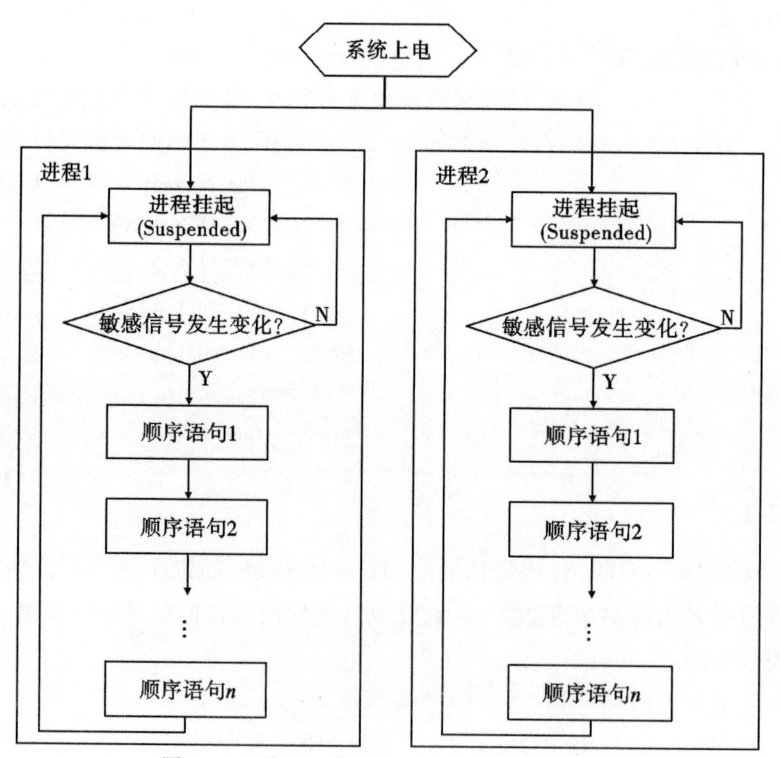

图 2-7　进程工作原理以及进程之间的关系

在 VHDL 程序设计中,可以采用以下两种方式对时钟的上升沿与下降沿进行判断:

方式一:

上升沿描述:Clock' EVENT AND Clock='1'

下降沿描述:Clock’ EVENT AND Clock=‘0’

方式二:

上升沿描述: RISING_EDGE (Clock)

下降沿描述: FALLING_EDGE (Clock)

下面给出完整的分频电路 VHDL 实现代码以供读者学习和体会在编程中对时钟状态的判断方法:

```
LIBRARY IEEE;
USE IEEE. STD_LOGIC_1164. ALL;
ENTITY   FreDevider   IS
PORT
        ( Clock: IN STD_LOGIC;
        ClkOUT: OUT STD_LOGIC);
END;
ARCHITECTURE   Behavior   OF   FreDevider IS
        SIGNAL Clk: STD_LOGIC;— —在结构体内部定义信号 Clk
        BEGIN
        PROCESS (Clock) — —将时钟作为进程的敏感信号
            BEGIN
              IF RISING_EDGE (Clock) THEN   — —时钟上升沿判断
                Clk<=NOT Clk;— —在时钟上升沿执行 Clk 信号的取反操作
              END IF;
        END PROCESS;  — —结束进程
        ClkOUT<=Clk;  — —利用信号 Clk 向外部时钟输出端口赋值
END;
```

进程是在 VHLD 程序设计中的重要概念,通过在进程中设置敏感信号,并对时钟状态进行判断,可以有效地实现时序逻辑电路。以下是计数器的 VHDL 实现代码,注意在计数器中的异步清零、同步计数及复位功能的实现方法。

```
LIBRARY IEEE;
USE IEEE. STD_LOGIC_1164. ALL;
ENTITY Counter IS
PORT
    ( RESET:IN STD_LOGIC;— —异步复位信号
    Clock: IN STD_LOGIC;— —时钟信号
    Num:BUFFERinteger RANGE 0 TO 3);——计数器输出端口,采用 BUFFER 类型
         END;
    ARCHITECTURE Behavior OF Counter IS
    BEGIN
```

```
        PROCESS (RESET, Clock)— —将复位、时钟信号作为进程的敏感信号列表
        BEGIN
          IF RESET='1' THEN — —当清零信号为有效的高电平时,实现电路异步清零
            Num<=0; — —计数器清 0
          ELSIF RISING_EDGE (Clock) THEN — —当时钟上升沿到达时
            IF Num=3 THEN — —如果此时计数器已经计数到最大值
              Num<=0;— —计数器清 0
                    ELSE Num<=Num+1;— —否则计数器加 1
            END IF;
          END IF;
      END PROCESS;
    END;
```

4)进程的启动。当 PROCESS 的敏感信号参数表中没有列出任何敏感信号时,进程将通过 WAIT 语句的方式来启动,下面的代码片段将说明 WAIT 语句的使用方法。

```
ARCHITECTURE  Behavior  OF  state  IS
  BEGIN
    PROCESS — —敏感信号列表为空
      BEGIN
        WAIT until Clock;— —等待 clock 激活进程
          IF ( drive='1') THEN
            CASE OUTput IS
              WHEN s1 => OUTput <= s2; — —根据电路状态,决定下一步的输出
              WHEN s2 => OUTput <= s3; — —对 OUTput 当前状态进行判断
              WHEN s3 => OUTput <= s4;
              WHEN s4 => OUTput <= s1;
          END CASE;
        END IF;
    END PROCESS;
END;
```

5)进程的使用注意事项如下:

A. 进程本身是并行语句,但内部为顺序语句;

B. 进程在敏感信号发生变化时被激活,在使用了敏感表的进程中不能含 WAIT 语句;

C. 在同一进程中对同一信号多次赋值,只有最后一次生效;

D. 在不同进程中,不可对同一信号进行赋值以免造成冲突;

E. 一个进程不可以同时对时钟上、下沿都敏感;

F. 相对于结构体而言,信号具有全局性,是进程间进行联系的重要途径。

(5)元件实例化语句。元件实例化是 VHDL 工程中实现系统层次化设计,并且实现代码

复用的重要环节。工程设计中使用元件的实例化方法将引入一种连接关系，将预先设计好的实体定义为元件，并将此元件与当前设计实体中的端口相互连接，从而为当前设计实体引入一个新的低一级的设计层次，从而有效地完成设计代码的复用，避免重复性的工作。元件实例化声明方法如下：

```
COMPONENT 元件名    ——对将要使用的元件进行命名
  PORT（端口名表）；——声明元件将要使用的端口列表
END COMPONENT 元件名；——结束元件声明
```

在完成元件的声明后，后续设计中将具体调用元件，并与系统的其他部分完成连接和映射，这一过程被称为元件的实例化。元件的实例化方法如下：

```
元件名 PORT map（[元件端口名＝>]连接端口名 ，...）；
——通过采用 PORT map 建立元件与实际设计之间的端口映射关系
```

在对元件实例化过程中可以采用以下两种不同方法：

1)名称关联方式：由于采用唯一的名称对管脚进行区别，所以在 PORT map 语句中不同管脚的书写位置可以任意选择；

2)位置关联方式：由于连接端口名的排列方式与所需要实例化的元件端口定义中的顺序相互一致，所以端口名和关联连接符号可省去。

为说明元件实例化的使用方法，将首先设计 2 输入与非门电路作为将要被实例化的元件，为更高层次的工程设计进行准备。2 输入与非门电路的 VHDL 代码如下：

```
LIBRARY IEEE;
USE IEEE.STD_LOGIC_1164.ALL;
ENTITY ND2 IS
PORT
  (A, B:IN STD_LOGIC;
   C:OUT STD_LOGIC);
END;
ARCHITECTURE ND2BEHV OF ND2 IS
   BEGIN
     Y<=A NAND B;
END ND2BEHV;
```

在下面的工程设计中将引用已完成的 2 输入与非门代码，并将 2 输入与非门作为底层设计元件进行连接和组合，从而完成对新元件的实例化，如图 2-8 所示为利用 3 次实例化操作后生成的新元件设计：

```
LIBRARY IEEE;
USE IEEE.STD_LOGIC_1164.ALL;
ENTITY ORD41 IS
  PORT( A1, B1,C1, D1:IN STD_LOGIC;
  Z1: OUT STD_LOGIC);
```

```
END;
ARCHITECTURE  ORD41BEHV  OF  ORD41 IS
BEGIN
  COMPONENT  ND2 — —元件实例化声明，表明需要调用已有的元件设计
    PORT(A, B: IN STD_LOGIC; — —对元件端口进行声明
          C: OUT STD_LOGIC);
    END  COMPONENT;
    SIGNAL X, Y: STD_LOGIC;— — 定义X,Y两个信号用来存储系统的中间状态
      BEGIN
        U1:ND2 PORT MAP( A1, B1, X);— —第一次实例化采用位置关联方式
        U2:ND2 PORT MAP( A=>C1, C=>Y, B=>D1);— —采用名称关联方式
        U3:ND2 PORT MAP(X, Y, C=>Z1);— —同时采用名称和位置的混和关联方式
END  ORD41BEHV;
```

从上面的代码中能够看到，在ORD41设计文件中3次实例化了2输入与非门元件，并且在3次实例化中采用的方法都有所区别，分别采用了“位置关联方式”“名称关联方式”及“混合关联方式”。实际工作中设计者可以灵活选择这3种实例化方法，但为了增加代码的可读性，并减少出错的可能性，通常建议采用“名称关联方式”开展设计。

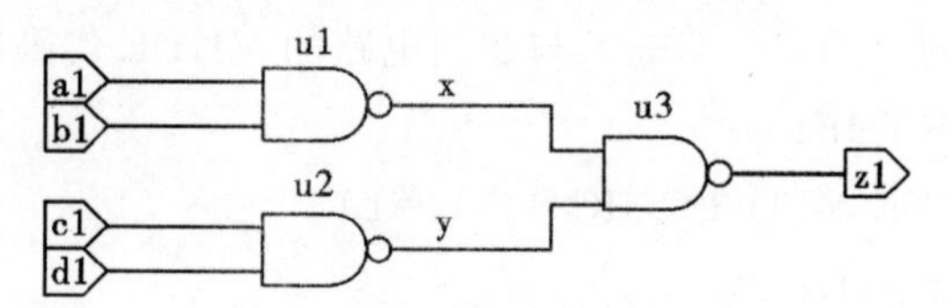

图2-8　通过3次采用实例化设计后生成的电路图

(6)顺序语句。基于VHDL语言的工程设计中顺序语句仅出现在进程和子程序中。顺序语句在EDA软件完成综合后，将映射为实际的门电路，系统一旦上电完成，门电路即开始工作。电路可实现逻辑上的顺序执行，而实际上所有门电路是按照并行工作方式运行的。常用的顺序语句包括以下几种：

1)赋值语句；

2)流程控制语句；

3)空操作语句；

4)等待语句；

5)子程序调用语句；

6)返回语句。

现将其中的流程控制语句进行简要介绍。

A. IF语句。当用IF语句描述组合逻辑电路时，务必涵盖所有的情况，IF语句可以参考表2-8中所列出的3种方式来使用。

表 2－8　IF 语句的 3 种使用方式

IF 条件式　THEN 顺序语句 END IF；	IF 条件式 1　THEN 顺序语句 ELSEIF 条件式 2　THEN 顺序语句 ELSE 顺序语句 END IF；
IF 条件式　THEN 顺序语句 ELSE 顺序语句 END IF；	

下面的代码用来举例说明在流程控制中，不完整的条件判断语句会引发编译上的错误：

```
ENTITY COMP_BAD IS
PORT
  (a1:IN BIT;
   b1:IN BIT;
   q1:OUT BIT);
END;
ARCHITECTURE one OF COMP_BAD   IS ——不正确的比较器实体
BEGIN
PROCESS (a1,b1)
  BEGIN
    IF   a1 > b1 THEN
        q1 <= '1';
    ELSIF
        a1 < b1 THEN
        q1 <= '0';——未提及当 a1=b1 时，q1 的状态应作何操作
    END IF;
  END PROCESS;
END;
```

B. CASE 语句。

a. 用来进行判断的备选值条件之间不可重复或发生重叠；

b. 当 CASE 语句的选择值无法覆盖所有的情况时，要用 OTHERS 指定未能列出的其他所有情况的输出值。

CASE 语句的使用方法如下：

```
CASE 表达式 IS
WHEN 选择值[|选择值 ]=>顺序语句;
```

```
        WHEN 选择值[|选择值 ]=>顺序语句;
        ⋮
        WHEN OTHERS=>顺序语句;
        END CASE;
```

采用CASE语句的多路选择器设计代码示例如下：

```
LIBRARY IEEE;
USE IEEE.STD_LOGIC_1164.ALL;
ENTITY MUX IS
PORT
  (Data0, Data1, Data2, Data3:IN STD_LOGIC_VECTOR(7 DOWNTO 0);
  Sel:IN STD_LOGIC_Vector(1 DOWNTO 0);
  DOUT:OUT STD_LOGIC_Vector(7 DOWNTO 0));
END;
ARCHITECTURE   DataFlow   OF   MUX   IS
BEGIN
  CASE Sel IS
    WHEN"00"=> DOUT<= Data0;
    WHEN"01"=> DOUT<= Data1;
    WHEN"10"=> DOUT<= Data2;
    WHEN"11"=> DOUT<= Data3;
    WHEN OTHERS => DOUT<="00000000" ;
  END CASE;
  END PROCESS;
END;
```

C. LOOP语句基本使用方法。VHDL中的LOOP语句就是循环执行语句，它可以使所包含的顺序语句循环执行，同时其执行的次数受到迭代算法的控制。在工程设计中，通常用来描述迭代电路的工作流程。LOOP语句的使用方法如下：

[LOOP 标号:] FOR 循环变量 IN 循环次数范围 LOOP

现将循环10次的累加计算设计代码举例如下：

```
Sum:=0;— —累加器赋初始值
FOR   i   IN   0   TO   9   LOOP   — —利用LOOP循环
  Sum:=Sum+i; — —对Sum进行累加10次
END LOOP;
```

D. NEXT语句。NEXT语句主要用在LOOP语句中执行有条件或无条件的转向控制，跳向LOOP语句的起点。

NEXT语句的使用方法如下：

NEXT [循环标号] [WHEN 条件]；

a. NEXT；——无条件终止当前循环，跳回到本次循环LOOP语句处，开始下一次循环。

b. NEXT LOOP标号；——当有多重LOOP语句嵌套时，跳转到指定标号LOOP语句处，重新开始执行循环操作。

c. NEXT LOOP标号WHEN条件表达式；——条件表达式为TRUE，执行NEXT语句，进入跳转操作，否则继续向下执行。

E. EXIT语句。EXIT语句主要用在LOOP语句中执行有条件或无条件的内部转向控制，跳向LOOP语句的终点，用于退出循环。当程序需要处理保护、出错和警告状态时，语句能提供一个快捷、简便的方法。EXIT语句的使用方法如下：

EXIT [循环标号] [WHEN 条件]；

a. EXIT ；——无条件从当前循环中退出。

b. EXITLOOP标号；——程序执行退出动作，无条件从循环标号所标明的循环中退出。

c. EXITLOOP标号WHEN条件表达式；——当条件表达式为TRUE时，程序从当前循环中退出。

F. WAIT语句。在进程或过程中执行到WAIT语句时，程序将被挂起等待，并设置好再次执行的条件。WAIT语句的使用方法如下：

WAIT [ON 信号表][UNTIL 条件表达式][FOR 时间表达式]；

a. WAIT；——未设置停止挂起的条件，表示永远挂起。

b. WAIT ON信号表；——敏感信号等待语句，敏感信号的变化将结束挂起，再次启动进程。

c. WAIT UNTIL条件表达式；——条件表达式中所含的信号发生变化，且满足WAIT语句所设条件，则结束挂起状态，再次启动进程。

d. WAIT FOR时间表达式；——超时等待语句，从执行当前的WAIT语句开始，在此时间段内，进程处于挂起状态，超过这一时间段后，程序自动恢复执行。

(7)配置语句。配置语句主要为顶层设计实体指定结构体，或为参与示例化的元件实体指定所希望的结构体，以层次方式来对元件例化做结构配置。一个实体声明可以有多个构造体，但这个实体被上层模块调用，并在最终形成电路时，只能使用一种结构体作为实体功能实现的描述。这时就需要用配置语句将实体与对应的结构体连接起来，配置语句的基本结构如下：

```
CONFIGURATION 配置名 OF 实体名 IS
        配置说明
        END 配置名；
```

下面通过示例代码说明如何通过配置语句为顶层设计实体指定结构体，在下面的代码中，为同一个设计实体准备了两个结构体：

```
ENTITY nAND IS   ——2输入与非门设计实体
```

```
PORT
    (a, b: IN STD_LOGIC;
     c: OUT STD_LOGIC );
END ENTITY nAND;
ARCHITECTURE  one OF  nAND  IS ——设计中实现的结构体 1
BEGIN
    c<=NOT (a AND b);
END  ARCHITECTURE  one;
ARCHITECTURE  two  OF  nAND  IS  ——设计中实现的结构体 2
BEGIN
    c<='1' WHEN (a='0') AND (b='0')
    ELSE'1' WHEN (a='0') AND (b='1')
    ELSE'1' WHEN (a='1') AND (b='0')
    ELSE'0' WHEN (a='1') AND (b='1')
    ELSE'0';
END ARCHITECTURE two;
CONFIGURATION  second OF  nAND  IS  ——配置代码 1
    FOR two
    END FOR;
END second;
CONFIGURATION first OF nAND IS  ——配置代码 2
    FOR one
    END FOR;
END first;
```

为参与示例化的元件实体指定所希望的结构体，以层次方式来对元件的实例化做结构配置。用实体 nAND 构成更高层次设计实体中的元件，由配置语句指定元件实体 nAND 使用哪个结构体，示例代码如下：

```
LIBRARY IEEE;
USE IEEE.STD_LOGIC_1164.ALL;
ENTITY rs IS
PORT (
   r, s: IN STD_LOGIC;
  q, qf: OUT STD_LOGIC );
END ENTITY rs;
ARCHITECTURE rsf OF rs IS
```

```
COMPONENT nAND   — —元件声明,引用 nAND 的设计
  PORT( a, b: IN STD_LOGIC;
  c:OUT STD_LOGIC);
END COMPONENT;
BEGIN
  u1: nAND PORT MAP (a=>s, b=>qf, c=>q);
  — —实现元件例化
  u2: nAND PORT MAP ( a=>q, b=>r, c=>qf);
  — —采用名称关联方式
END rsf;
CONFIGURATION sel of rs IS
FOR rsf — —为结构体 rsf 进行配置
  FOR u1,u2: nAND
    USE ENTITY work. nAND (two);
    — —采用第二种 nAND 的实现方式,work 是设计者自己的工作库
  END FOR;
END FOR;
END sel;
```

代码的最后部分是配置语句,说明在基于与非门电路的 VHDL 代码设计中有两种配置方式,而在系统的具体实现中采用了第二种配置。

第3章 FPGA开发软件环境

由于在数字电路设计实验主要使用基于 Altera 公司低功耗 Cyclone V 系列 FPGA 芯片的 DE0 - CV 开发板，所以相应地需要采用 Quartus Ⅱ集成开发环境进行程序设计与系统验证工作。Quartus Ⅱ可以通过多种设计输入形式进行开发，同时该软件还提供了综合器及仿真器，可以完成从设计输入到硬件配置的完整逻辑器件设计流程。

随着 EDA 技术的发展和 FPGA 器件向亚纳米工艺的进军，FPGA 与 MCU、MPU、DSP、A/D、D/A、RAM 和 ROM 等独立器件之间的物理与功能界限正日趋模糊。特别是伴随着软、硬 IP 核产业的迅猛发展，嵌入式且通用的 FPGA 器件已经使片上系统的设计已成为可能。以超大规模集成电路为物质基础的 EDA 技术终于打破了电子系统设计中软、硬件之间最后的屏障，使得软、硬件工程师们之间真正拥有了共同的设计语言。

3.1 Quartus Ⅱ简介

Maxplus Ⅱ作为 Altera 公司的上一代开发软件，以其出色的易用性在 FPGA 设计领域得到广泛应用，但由于设计技术的不断发展和迭代，目前 Altera 公司已经停止对 Maxplus Ⅱ 的更新支持，转而采用 Quartus Ⅱ作为新的集成开发环境。与前者相比，Quartus Ⅱ 所带来的新特性不仅仅包括更加丰富了所支持器件的类型，以及图形界面上的改变，Altera 在Quartus Ⅱ中还增加了诸如 SignalTap Ⅱ、Chip Editor 和 RTL Viewer 等多种设计辅助工具，集成了 SOPC 和 HardCopy 设计流程，并且继承了 Maxplus Ⅱ完善而友好的用户图形界面设计方式，以及简便的使用方法，提供了更快的综合速度，因此更加有利于在数字系统设计中实现快速开发与迭代。

Quartus Ⅱ可以在 WINDOWS、LINUX 及 UNIX 等多种系统上使用，具有运行速度快、界面统一、功能集中和易学易用等特点。Quartus Ⅱ支持 Altera 公司所提供的 IP 核，其中包含了 LPM/Mega Function 宏功能模块库，使用户可以充分利用现有且成熟的模块，从而简化工程设计、降低复杂性并大幅度加快设计速度。同时 Quartus Ⅱ对第三方 EDA 工具的良好支持也使用户可以在设计流程的各个阶段都能够使用熟悉的第三方 EDA 工具。

除此之外，Quartus Ⅱ通过 DSP Builder 工具与 Matlab/Simulink 等软件结合使用，可以便捷地实现各种 DSP 应用系统；同时支持 Altera 的片上可编程系统(SOPC)开发，Quartus Ⅱ软件功能汇集系统级设计、嵌入式软件开发、可编程逻辑设计于一体，是一种综合性的开发平台。

3.1.1　Quartus Ⅱ基本功能

Quartus Ⅱ提供了完全集成化且与电路结构无关的开发包环境，并具有数字逻辑设计的全部功能，使用者可以利用原理图、VHDL、AHDL(Altera Hardware Description Language)、结构框图、Verilog HDL等多种输入方式完成系统级的电路描述，并将其保存为设计实体文件。Quartus Ⅱ开发环境的主要功能包括芯片内部(电路)平面布局连线编辑；功能强大的逻辑综合工具；完备的电路功能仿真与时序逻辑仿真工具；定时/时序分析与关键路径延时分析；可使用SignalTap Ⅱ逻辑分析工具进行嵌入式的逻辑分析；支持软件源文件的添加和创建，并将它们链接起来生成编程文件；使用组合编译方式可一次完成整体设计流程；自动定位编译错误；高效的器件编程与验证工具；可读入标准的EDIF格式网表文件、VHDL网表文件和Verilog网表文件等类型；并且能够生成第三方EDA软件所使用的VHDL网表文件及Verilog网表文件。

Quartus Ⅱ软件属于第四代可编程逻辑器件的开发平台。该平台还支持工作组环境下的设计要求，包括支持基于Internet的协作设计。Quartus平台能够与Cadence、Exemplar Logic、Mentor Graphics、Synopsys和Synplicity等EDA供应商的开发工具相互兼容，改进了软件的LogicLock模块设计功能，改善了网络编辑性能，并且大大提升了对FPGA系统的调试能力。

3.1.2　在系统编程技术

具备在系统编程能力(IN-System Programmability，ISP)是以FPGA器件为核心进行设计的电子系统的重要优势之一。在可编程逻辑器件发展的初期，采用了EEPROM编程下载技术的可编程逻辑器件具有可反复编程，且芯片功能设置能够长期保存的优点，但在对此类器件进行编程时需要使用昂贵的专用编程器，不仅编程效率低，而且使用也不甚方便。特别是对于目前一些十分常用但引脚众多，且具有诸如PLCC、TQFP、PQFP和BGA等封装类型的器件来说，采用专用编程器方式的下载已几乎没有实用价值，因为芯片在编程器上的插拔过程中可能会损伤引脚，以致于常常要经修正后才能上贴装机，从而导致生产效率低下。

由Lattice公司发明的ISP技术则能够很好地解决可编程器件在编程下载方面的问题，目前这一编程方式已被其他PLD(可编程逻辑器件)公司所广泛采用，甚至许多单片机的编程下载方式也都采用了ISP技术。在系统可编程器件是一种无需将器件从电路板上取下，无需专门的编程设备即可完成编程的芯片，ISP技术通过连接线将待编程器件与计算机的并行接口或者USB接口相连，在专门的下载软件帮助下就可以非常便捷地实现编程数据的下载。使用这种技术可以免去以往PLD的那种拔插芯片的烦琐过程。

采用ISP技术对FPGA器件的编程方法多种多样，既可利用PC或工作站编程，还可用微处理器进行编程。另外ISP还允许采用红外线编程、电话线或互联网进行远程编程等多种方式对FPGA器件的功能进行配置，因此可灵活适用于不同场合的需要。采用了ISP技术的系统设计方案可以在CPLD/FPGA器件完成装配后再进行逻辑设计和编程下载，并且能够根据实际需要对系统硬件的功能实时、实地地加以修改，或者按照预定程序改变器件内部的逻辑组态，从而使整个硬件系统变得像软件那样功能灵活而且易于修改。利用 ISP 技术可在不改变硬件电路结构的情况下重构系统内部逻辑或完成硬件升级，甚至能够在系统不停止工作的条件下进行远程硬件升级，ISP 技术的问世使得现代数字系统的设计方式更加灵活多样，并有力地促进了 EDA 技术的进一步发展。

3.2 Quartus Ⅱ使用方法入门

考虑到 FPGA 开发技术的复杂性及相对有限的课时安排，笔者鼓励每个学生都在自己的电脑上安装 Quartus Ⅱ集成开发环境，并利用业余时间进行编程练习，从中体会软件使用方法，以及基于 VHDL 语言进行工程开发的技巧与注意事项，以提高课堂学习和实验效率。

Quartus Ⅱ软件的更新升级速度较快，在编写本书的时候版本号已经发布到 18.1。毫无疑问，较新的 Quartus Ⅱ版本也相应提供了更多功能，同时支持的 FPGA 器件型号更多，界面也更加完善。但是考虑到实际应用场景，在学习和工作中并不总是最新的软件更为适合。每个使用者都必须根据自己的实际需要综合考虑，根据系统功能设计需求、计算机性能、计划采用的仿真工具等多方面因素加以权衡来选择所使用的软件版本。一般认为 Quartus Ⅱ 9.1 可以看作该系列软件功能的分水岭，Quartus Ⅱ各版本之间的基本差异表现如下。

(1)Quartus Ⅱ 9.1 之前的软件自带仿真组件，而这个版本之后的软件则不再包含仿真功能，因此如果需要进行 FPGA 的仿真，则必须要安装 Modelsim，由于 Modelsim 是商业软件，同时对其使用方法的学习也需要大量的时间，因此需要慎重选择 Quartus Ⅱ版本。

(2)Quartus Ⅱ 9.1 之前的软件自带硬件库，不需要额外下载安装，而从 10.0 开始则需要额外下载硬件库，另行选择安装。

(3)Quartus Ⅱ 11.0 之前的软件需要额外下载 Nios Ⅱ组件，而从 11.0 开始 Quartus Ⅱ软件自带 Nios Ⅱ组件。

(4)Quartus Ⅱ 9.1 之前的软件自带 SOPC 组件，而 Quartus Ⅱ 10.0 自带 SOPC 和 Qsys 两个组件，但从 10.1 开始，Quartus Ⅱ只包含 Qsys 组件。

(5)Quartus Ⅱ 10.1 之前的软件，时序分析包含 TimeQuest Timing Analyzer 和 Classic Timing Analyzer 两种分析器，但 10.1 以后的版本只包含了 TimeQuset Time Analyzer，因此需要 sdc 来约束时序。

以上对不同版本 Quartus Ⅱ软件之间功能差异的分析与总结供使用者参考。从开展数字电路设计学习与实验的需求角度考虑，采用 Quartus Ⅱ 9.1 的版本就能够满足全部要求。

3.2.1 新建工程并设置

首先应该说明：VHDL 语言本身用来描述硬件电路的系统功能，其所描述的逻辑功能与具体器件结构无关的特性决定了 VHDL 代码可以非常便捷地移植到其他工程中，以达成设计代码的复用。然而设计的最终目的是要实现数字硬件系统，因此为了能够将代码设计综合到具体的 FPGA 芯片中，在安装 Quartus Ⅱ 的时候，如果该软件版本自身没有包括器件库，则需要从网络下载相应的库文件，并且利用 Quartus Ⅱ 软件中内置的 Device installer 工具进行安装后方可使用此项功能。

在 Quartus Ⅱ 中，每一项设计都是从新建 Project（工程）开始的，而把一个工程下的所有文件放在同一个文件夹内是鼓励采用的良好编程习惯，这样将便于对设计文件进行组织和管理，并有助于利用和提取不同工程下的文件以达成代码的复用，从而提高新系统开发的设计效率。而此工程文件夹将被 Quartus Ⅱ 软件默认为 Work Library（工作库），并在后续的设计工作中可以调用工作库中已有的工程设计，因此开始 FPGA 工程设计的第一步是先根据自己的习惯，建立一个新的文件夹。

（1）新建工程。按照新工程的设计向导进行相关的设置：【File】→【New Project Wizard】，如图 3－1 所示。

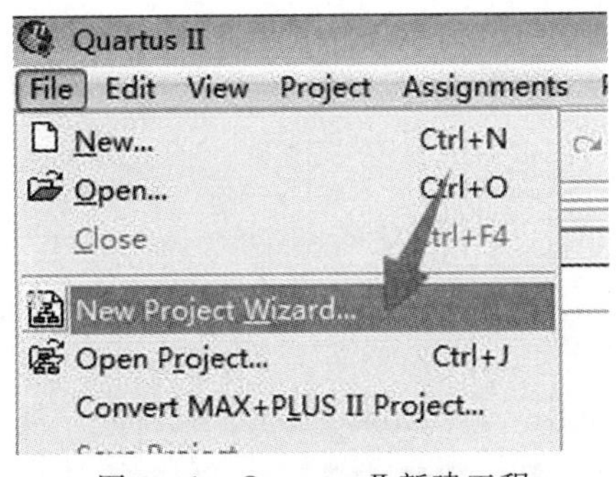

图 3－1　Quartus Ⅱ 新建工程

（2）输入工程信息。图 3－2 中第一行表示工程所在的文件夹，第二行为工程名，由于每个工程都必须包括一个顶层设计，所以工程名可以与顶层文件的实体名称保持一致，也可以另取别的名字，第三行为当前工程顶层文件的实体名。

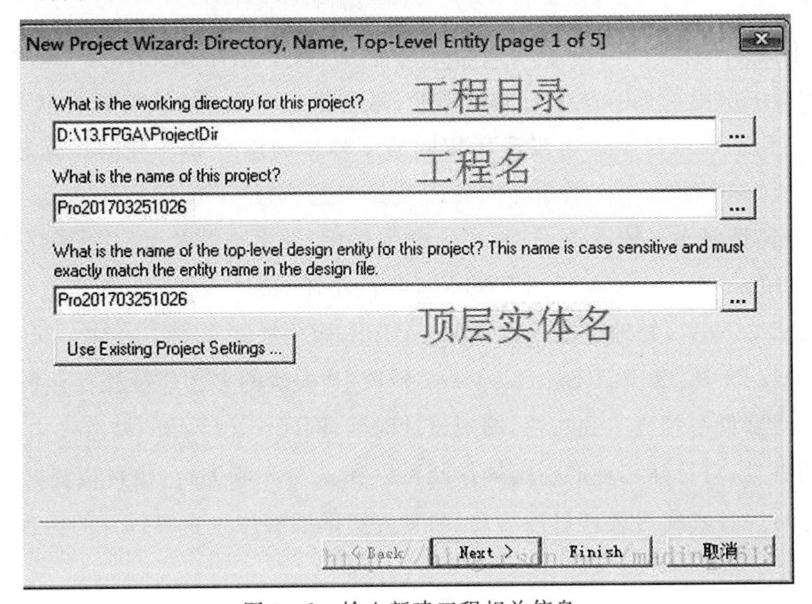

图 3－2　输入新建工程相关信息

注意：顶层实体名必须与设计顶层文件的文件名一致，不能为中文，也不能使用 VHDL 关键字或者与 Quartus Ⅱ设计库中的模块名称相同，否则会引起错误。

(3)添加设计文件。如果需要利用以前工程中已经完成的设计文件，并需要将这些设计文件加入新的工程项目中，可以点击 Add All 或 Add 加入(全部或者部分加入)。由于一般的实验设计都是从头开始设计的，所以可以直接选择 Next 跳过该环节，如图 3-3 所示。

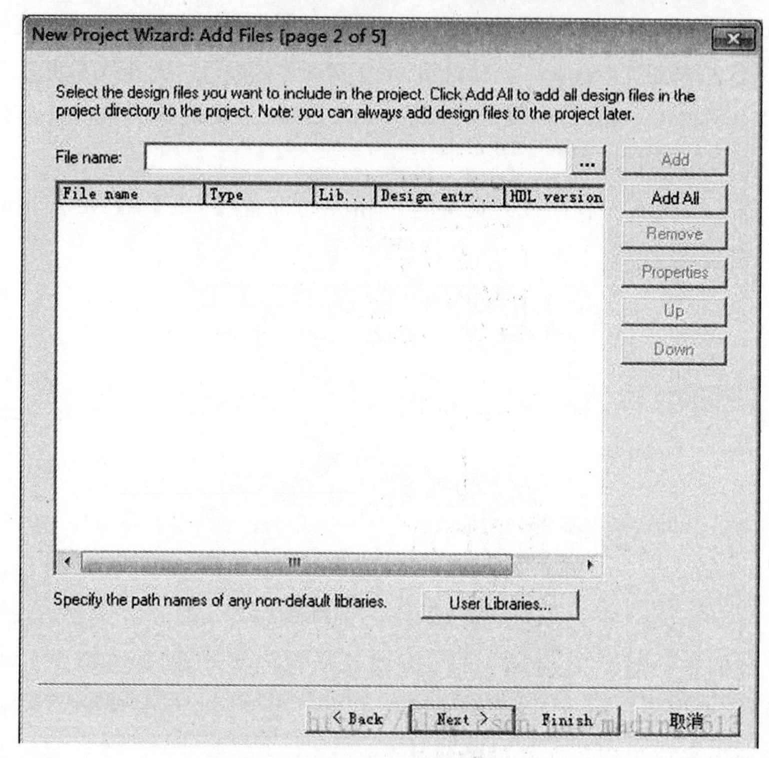

图 3-3　为新建工程添加设计文件

(4)为工程设计选择 FPGA 芯片类型。由于在“数字电路设计实验”课程中所使用的 DE0-CV 开发板中采用了 Altera 公司的低功耗、高性能 Cyclone Ⅴ系列中的 5CEBA4F23C7N 芯片，所以在新建工程过程中也应当选择相同的型号作为综合和下载的目标芯片。Cyclone Ⅴ系列采用了 TSMC 的 28 nm 低功耗(28LP)生产工艺，满足了目前大批量、低成本应用对低功耗、低成本及高性能水平的需求，与前几代产品相比，该系列芯片的总功耗降低了 40%，静态功耗降低了 30%。Cyclone Ⅴ系列 FPGA 提供低功耗的串行收发器，每通道在 5 Gb/s 传输速率时功耗只有 88 mW，处理性能高达 4 000 MIPS，而功耗却不到 1.8 W。同时该系列芯片还支持 400 MHz DDR3 和 PCI Express Gen2 硬核 IP 模块的多功能硬核存储控制器等，能够有效帮助开发者降低系统成本和功耗，缩短设计时间，同时突出产品的性能优势。

需要说明的是，对目标芯片的指定操作既可以在这个环节进行，也可以先跳过这个步骤，而在对代码进行综合之前再选择目标芯片，两种方法都能够用于系统设计的流程中，如图3-4 所示。

New Project Wizard: Family & Device Settings [page 3 of 5]
Select the family and device you want to target for compilation.
Device family
Family: Cyclone III
Devices: All
Target device
Auto device selected by the Fitter
Specific device selected in 'Available devices' list
Show in 'Available device' list
Package: Any
Pin count: Any
Speed grade: Any
Show advanced devices
HardCopy compatible only
Available devices:
Name | Core v... | LEs | User I/... | Memor... | Embed... | PLL
EP3C55U484C7 1.2V 55856 328 2396160 312 4
EP3C55U484C8 1.2V 55856 328 2396160 312 4
EP3C55U484I7 1.2V 55856 328 2396160 312 4
EP3C80F484C6 1.2V 81264 296 2810880 488 4
EP3C80F484C7 1.2V 81264 296 2810880 488 4
EP3C80F484C8 1.2V 81264 296 2810880 488 4
EP3C80F484I7 1.2V 81264 296 2810880 488 4
Companion device
HardCopy:
Limit DSP & RAM to HardCopy device resource
< Back
Next >
Finish
取消

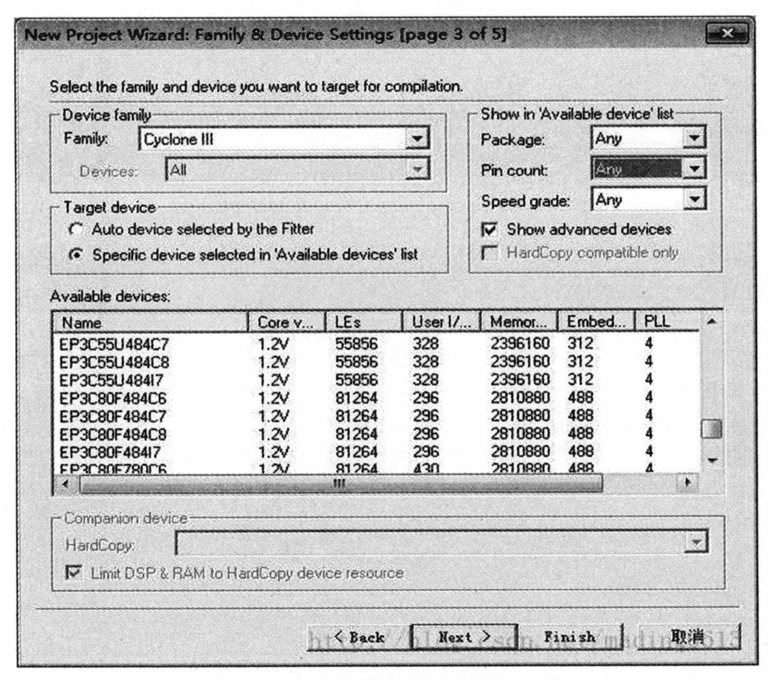

图 3－4　为新建工程选择芯片型号

(5)EDA 工具设置。按照创建 FPGA 设计工程的操作流程现在进入到工具设置环节：进入 EDA 工具设置窗口，如图 3－5 所示有 3 个选项，分别是选择输入的 HDL 类型和综合工具、选择仿真工具、选择时序分析工具，这是除 Quartus Ⅱ 自含的所有设计工具以外的附加工具，如果不做选择，表示仅选择 Quartus Ⅱ 自含的所有设计工具。因此，如果不需要使用其他设计工具，如 Modelsim 仿真等功能，则可以直接点击 Next 跳过。

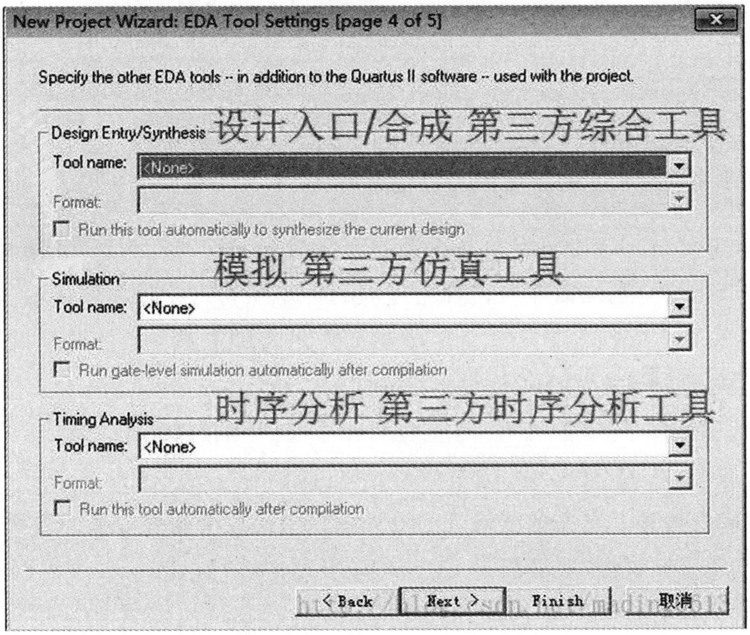

New Project Wizard: EDA Tool Settings [page 4 of 5]
Specify the other EDA tools -- in addition to the Quartus II software -- used with the project.
Design Entry/Synthesis
设计入口/合成 第三方综合工具
Tool name: <None>
Format:
Run this tool automatically to synthesize the current design
Simulation
模拟 第三方仿真工具
Tool name: <None>
Format:
Run gate-level simulation automatically after compilation
Timing Analysis
时序分析 第三方时序分析工具
Tool name: <None>
Format:
Run this tool automatically after compilation
< Back
Next >
Finish
取消

图 3－5　选择 EDA 工具

(6)确认工程统计信息。在完成上述操作步骤后，Quartus Ⅱ将生成工程的统计信息并通过弹出窗口加以显示，如图 3-6 所示。

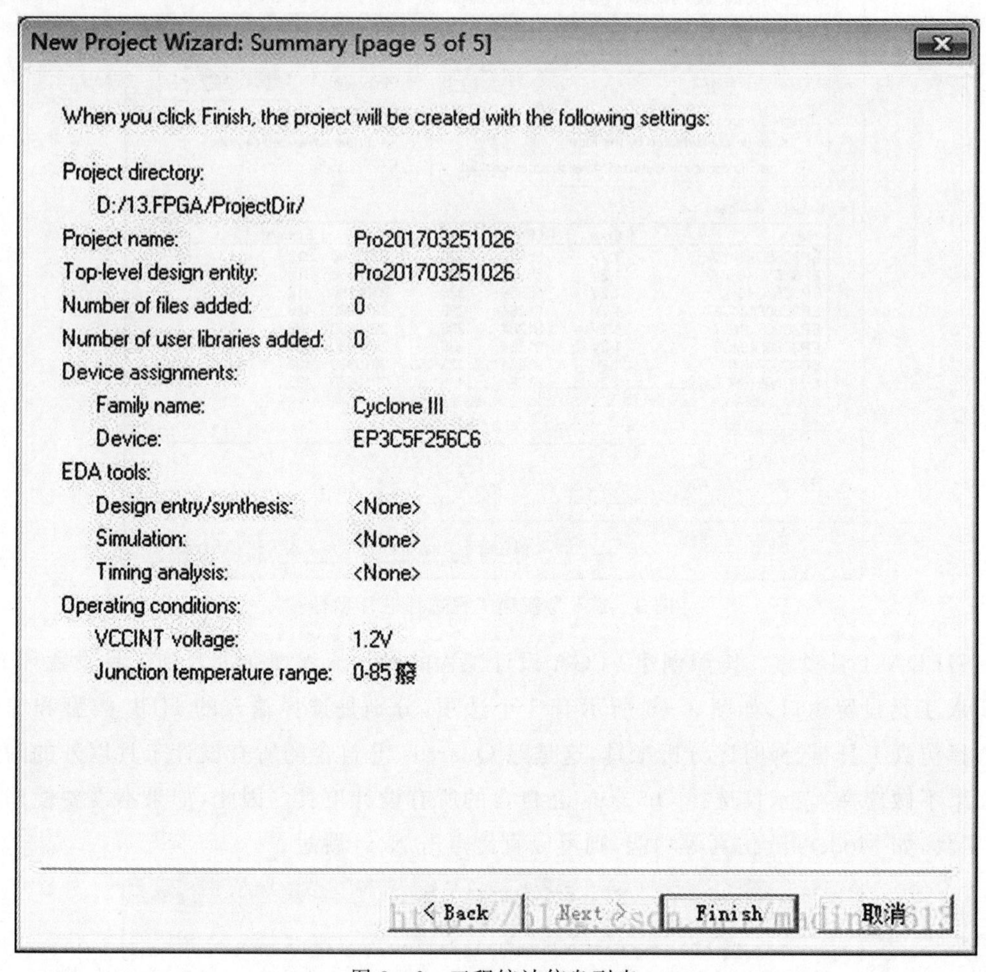

图 3-6　工程统计信息列表

3.2.2　基于 Quartus Ⅱ的原理图工程输入方法

在 Quartus Ⅱ开发环境中可以单独或者混合采用图形编辑及 VHDL 两种方式进行工程设计，在后续章节中将分别加以介绍。首先对 Quartus Ⅱ利用原理图输入法进行工程设计的基本流程做简要说明。在已经按 3.2.1 节所述步骤完成新建工程操作的基础上，按照如下操作流程完成基于原理图输入的系统设计。

(1)新建原理框图。【File】→【New】选 Design Files 中的【Block Diagram/Schematic File】选项，并且通过选项【File】→【Save as】保存新的空白原理图设计文件。

(2)导入逻辑门符号。在原理图输入的设计窗口中提供了软件内置的设计资源，双击鼠标或者点击左侧与门图标，依次展开【primitives(基本元件库)】→【logic(逻辑门)】，可以看到大量基本逻辑门电路。而如果需要选择如 74LS85 这样的集成电路元件，则需要在【others】→【maxplus2】下面去找。利用鼠标将所需要的器件拖入右边的设计区域，并且进行布局和排列，如图 3－7 所示。

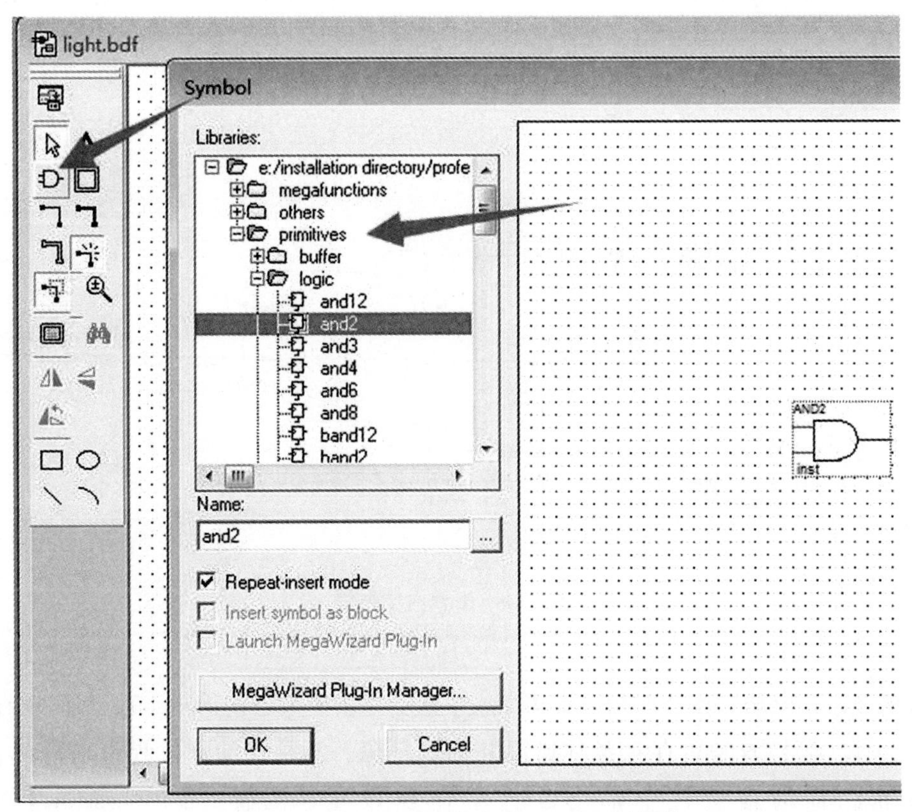

图 3－7　在原理图设计中导入工程所需器件

（3）导入 I/O 符号。在 Primitives/Pin 库中可以找到对应 INPUT 及 OUTPUT 的 I/O 管脚，作为 FPGA 系统的输入与输出部分，并按照设计需要选择并拖放到合适的区域，如图 3－8 所示。

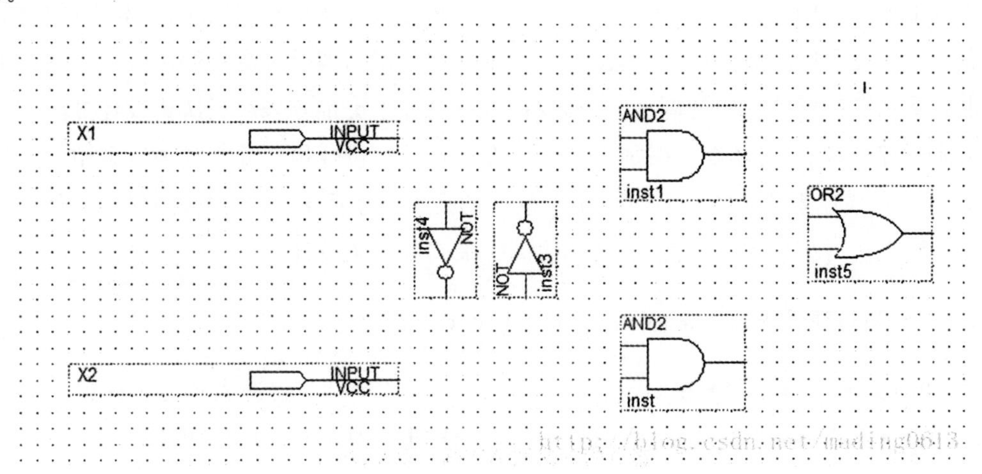

图 3－8　在原理图中放置 I/O 引脚

(4)连接线路。鼠标按住左键并拖动就可以拉出连接线,并且实现与器件管脚连接,如图3-9所示。

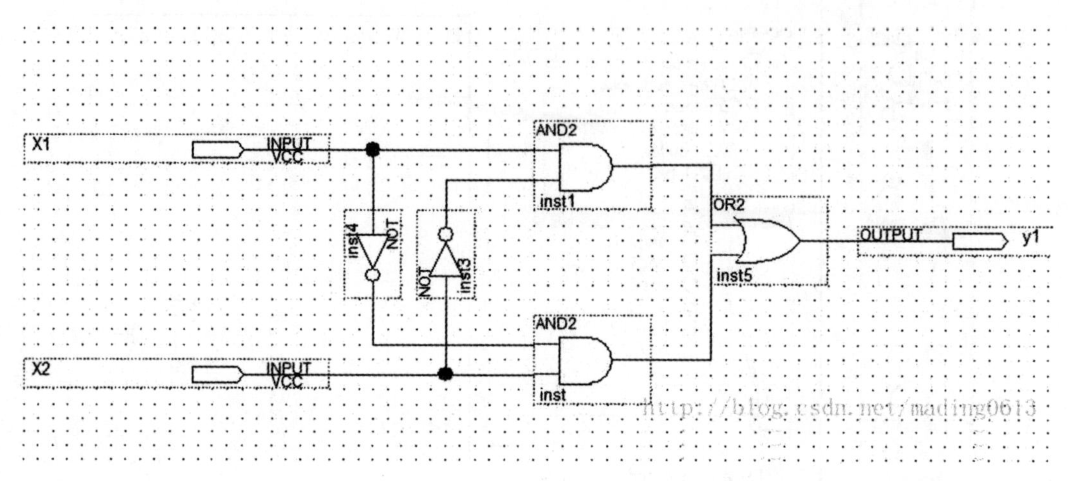

图3-9 工程内部布线

(5)编译设计电路。通过前几个步骤完成了基于原理图文件的简单工程设计,现在对工程设计进行编译,以检查是否存在各种错误并加以排除。凡是在编译过程中出现的错误,在Quartus Ⅱ底部的信息栏中都用红色字体加以显示。通过【Processing】→【Start Compilation】,即可以开始原理图设计的编译过程。

综上所述,采用原理图输入的方法实现FPGA电路功能,具有简单直观并且符合大多数使用者在其他电路设计软件中的使用习惯的优点。同时从上述设计过程中也不难看出,如果系统的结构与功能复杂,则设计中所排列的大量器件和错综复杂的连线关系都将使得设计者无论是对工程文件的阅读理解,还是对系统的调试和修改都变得相当困难;在利用原理图输入法开展设计的过程中,设计者会逐渐体会到利用软件预制功能模块既有使用方便的一方面,但同时也会受到已有模块功能的制约。因此,在工程设计中更推荐采用层次化设计方法,在完成系统功能合理分解后,对功能电路加以封装以形成自己的设计模块并有效加以利用;或者采用VHDL语言来描述系统功能,并且在EDA软件的帮助下生成FPGA器件的配置文件;以及采用原理图输入法与VHDL语言混合设计的模式来完成系统设计工作。

3.2.3 利用硬件描述语言(VHDL)的工程设计

(1)如前所述,在利用Project Wizard完成新建设计工程后,就进入到源程序输入环节:在Quartus Ⅱ中选择菜单【File】→【New】→【Design Files】→【VHDL File】→【OK】(见图3-10)。

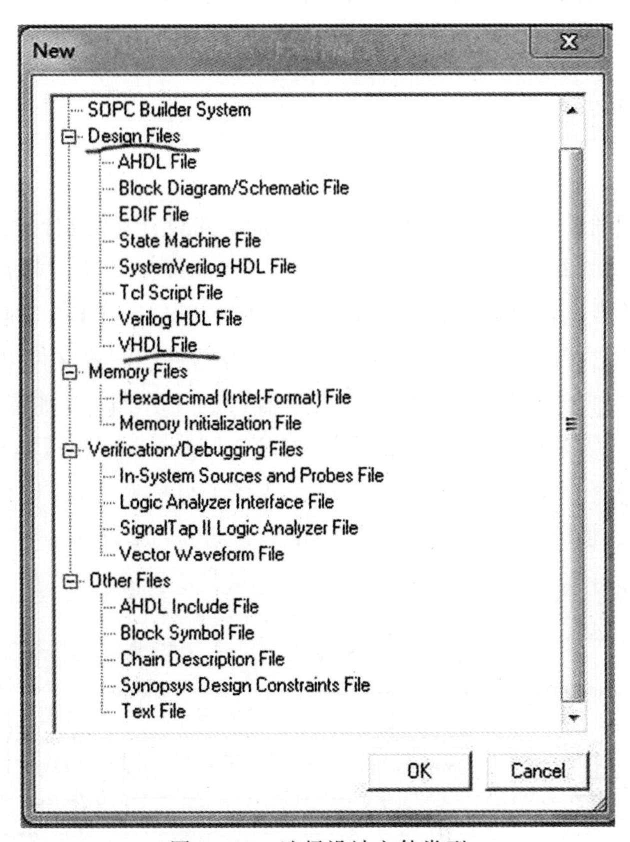

图 3－10　选择设计文件类型

(2)在 VHDL 文件编译器窗口键入程序，如图 3－11 所示。

```
CNT10.vhd
1  LIBRARY IEEE;
2  USE IEEE.STD_LOGIC_1164.ALL;
3  USE IEEE.STD_LOGIC_UNSIGNED.ALL;
4  ENTITY CNT10 IS
5     PORT (CLK,RST,EN:IN STD_LOGIC;
6              CQ:OUT STD_LOGIC_VECTOR(3 DOWNTO 0);
7              COUT:OUT STD_LOGIC);
8  END CNT10;
9  ARCHITECTURE behav OF CNT10 IS
10 BEGIN
11     PROCESS(CLK,RST,EN)
12       VARIABLE CQI:STD_LOGIC_VECTOR(3 DOWNTO 0);
13     BEGIN
14       IF RST='1' THEN CQI:=(OTHERS=>'0');
15         ELSIF CLK'EVENT AND CLK='1' THEN
16           IF EN='1' THEN
17             IF CQI < 9 THEN CQI:=CQI+1;
18               ELSE CQI:=(OTHERS=>'0');
19               END IF;
20             END IF ;
21           END IF;
22           IF CQI = 9 THEN COUT <='1';
23             ELSE COUT <='0';
24           END IF;
25             CQ <= CQI;
26       END PROCESS;
27 END behav;
```

图 3－11　输入 VHDL 设计文件

(3)保存文件。选择【File】→【Save as】,选择保存路径,文件名应与代码设计中的实体(Entity)名称保持一致。

3.2.4 工程编译

1.编译前设置

当完成基于原理图输入法或者是VHDL语言的电路设计后,设计工作将进入到工程编译环节。在此过程中EDA软件将对工程设计进行校验,检查在设计中是否存在语法错误及器件之间连接关系不符合电器规则等部分内容。而当检验通过后,EDA软件将根据目标器件的结构特点对工程设计进行综合,将电路设计编译为目标器件的配置文件以备下载。

在编译之前需要指定目标芯片并选择配置器件的工作方式,如果在此之前没有指定FPGA器件的型号,则需要在软件的菜单栏中选择【Assignments】→【Device】,根据弹出的对话框进行操作。因为刚才在建立工程的时候已经选择了目标芯片,所以可以直接进入选择配置器件的工作方式,点击【Device and Pin Options】,如图3-12所示。

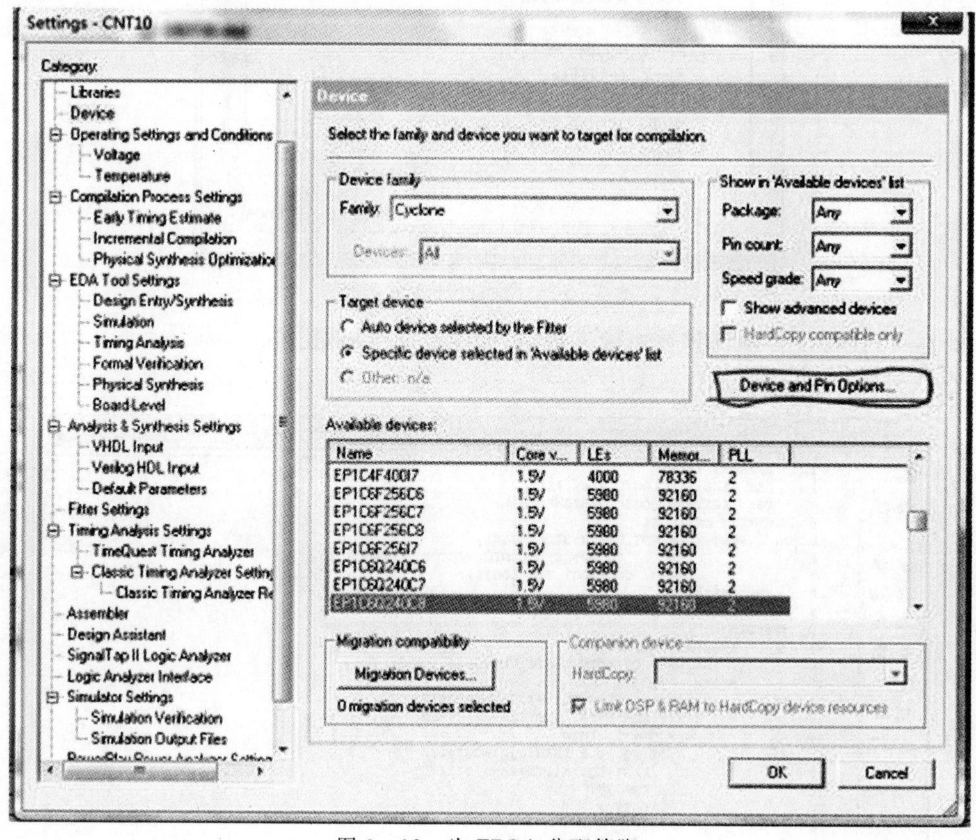

图3-12 为FPGA分配管脚

弹出Device and Pin Options窗口,分别对General、Configuration(配置器件)、Programming Files和Unused Pins(不用的引脚)等各选项卡进行设置,如图3-13所示。

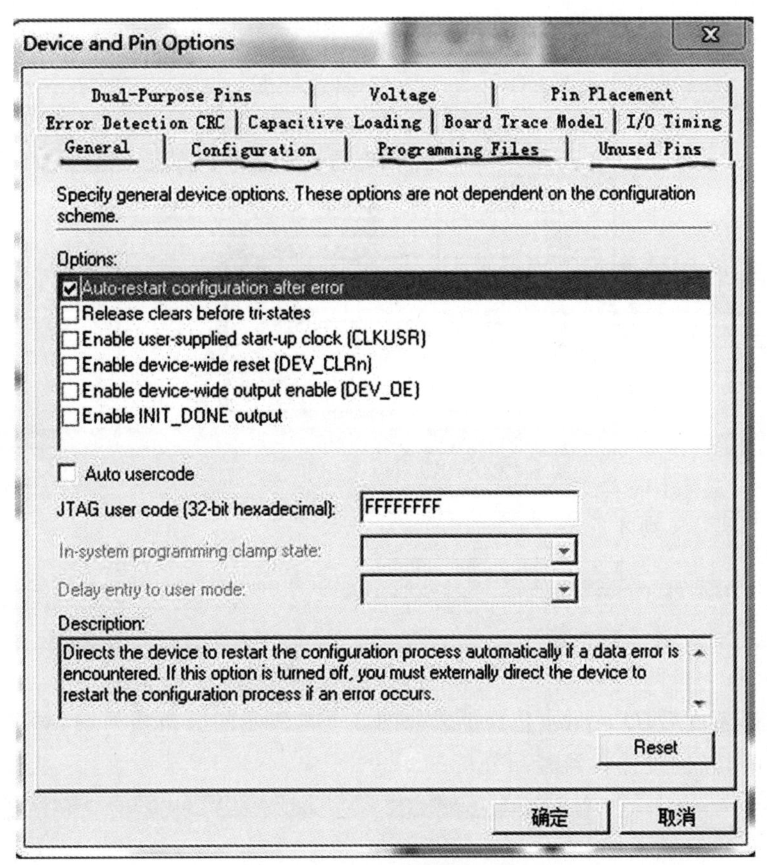

图 3－13　其他配置选项

在【General】项中，在【Options】栏中选择 Auto-restart configuration after error，其作用是使得当对 FPGA 的配置失败后能够自动重新配置，每当选中【Options】栏中的任一项时，下方的【Description】栏中出现对该选项的功能描述供使用者参考。

(1)【Configuration】项中将 Generate compressed bitstreams 处打钩，确定产生压缩配置文件；

(2)【Programming Files】项保持默认即可；

(3)【Unused Pins】项把不用的引脚全部置高，即 As Input tri-stated；

(4)在完成上述配置后点击确定键。

2. 编译设计工程

完成相应的配置后就可以进行编译了，点击“编译”符号启动全程编译(见图 3－14)，编译成功后的界面如图 3－15 所示。

图 3－14　FPGA 工程编译

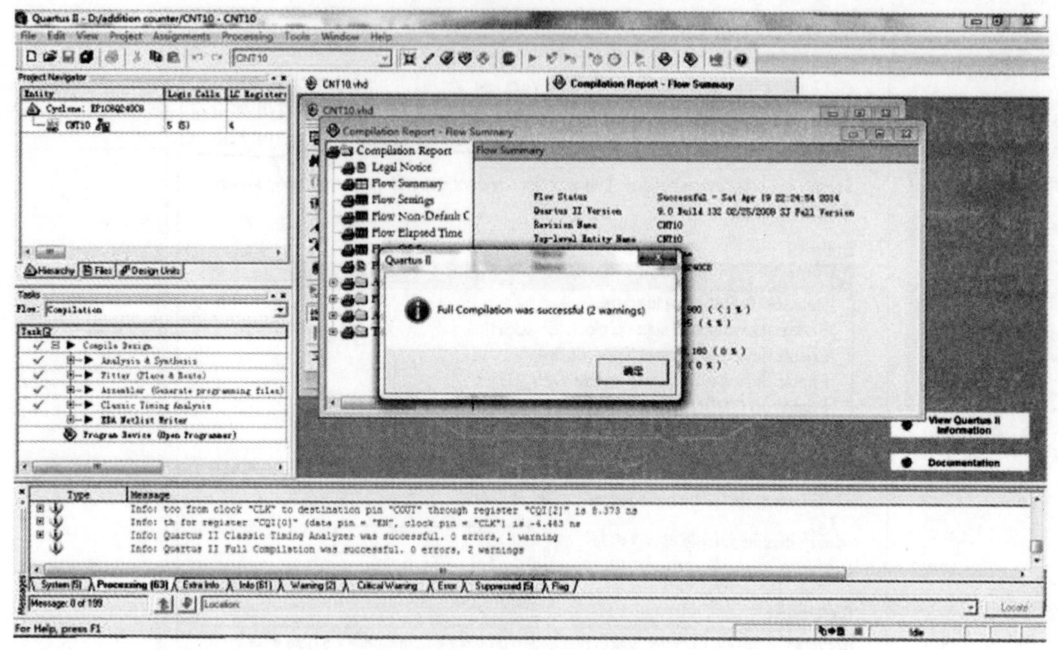

图 3－15　工程编译成功

在工程编译完成后，Quartus Ⅱ会生成如图 3－16 所示的分析报告表，对器件内部资源使用情况加以说明，以供设计者参考和分析。

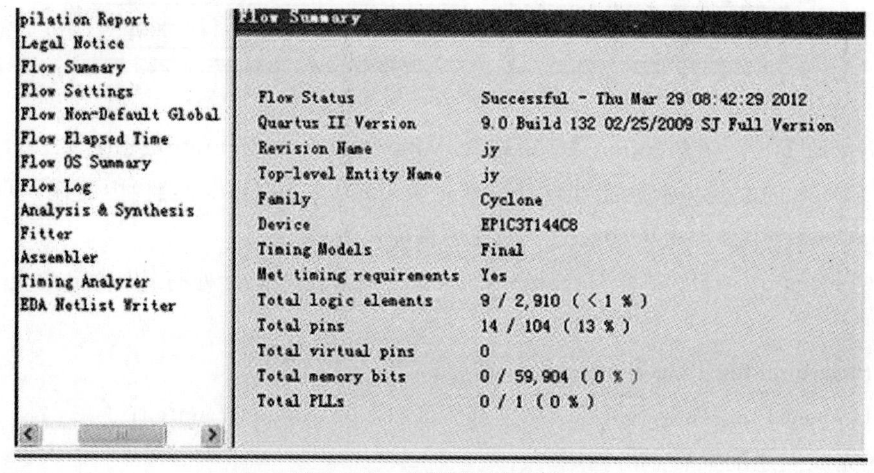

图 3－16　工程设计分析报告

编译过程中所出现的错误信息将通过下方的信息栏指示（红色字体）。双击此信息，即可以定位到错误所在位置，在对错误进行定位并完成改正后可以再次进行编译直至排除所有错误。Quartus Ⅱ的编译器由一系列处理模块构成，这些模块负责对设计项目的检错、逻辑综合、结构综合、输出结果的编辑配置，以及时序分析等一系列操作流程。在这一过程中，将设计项目适配到 FPGA/CPLD 目标器件中，同时产生多用途的输出文件，如功能和时序信息文件、器件编程的目标文件等。

编译器首先检查出工程设计文件中可能的错误信息，以供设计者排除，然后产生一个结构化的网表文件表达的电路原理图文件；在工程编译完成后，设计结果是否满足设计要求，可以通过建立波形矢量文件进行时序仿真来分析。

在编译工程后，可以应用 Quartus Ⅱ软件中的 RTL 电路图观察器来分析所生成的电路。通过在菜单栏展开如下步骤的操作：【Tools】→【Netlist Viewers】→【RTL Viewer】，结果如图 3－17所示。

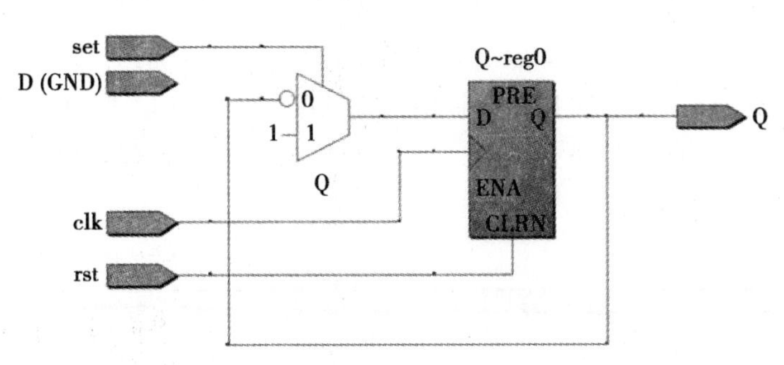

图 3－17　工程编译后生成的 RTL 电路图

3. 引脚分配-再编译

在工程没有错误且编译通过后，需要将设计文件在 ENTITY 中定义的管脚与实际器件的管脚之间建立映射和关联，点击 Quartus Ⅱ菜单栏的【Assignments】→【Pins】选项，便可以进入引脚分配窗口，之后选中 FPGA 芯片中的某一引脚，双击“Location”列的蓝色矩形框，在弹出的设计实体中所定义的引脚列表中选择合适的引脚，也可采用直接键入引脚号码的方式，如图3－18所示。在添加好工程设计中所有的输入、输出引脚后，便可再次进行编译，从而生成可供下载到目标芯片的网表文件。

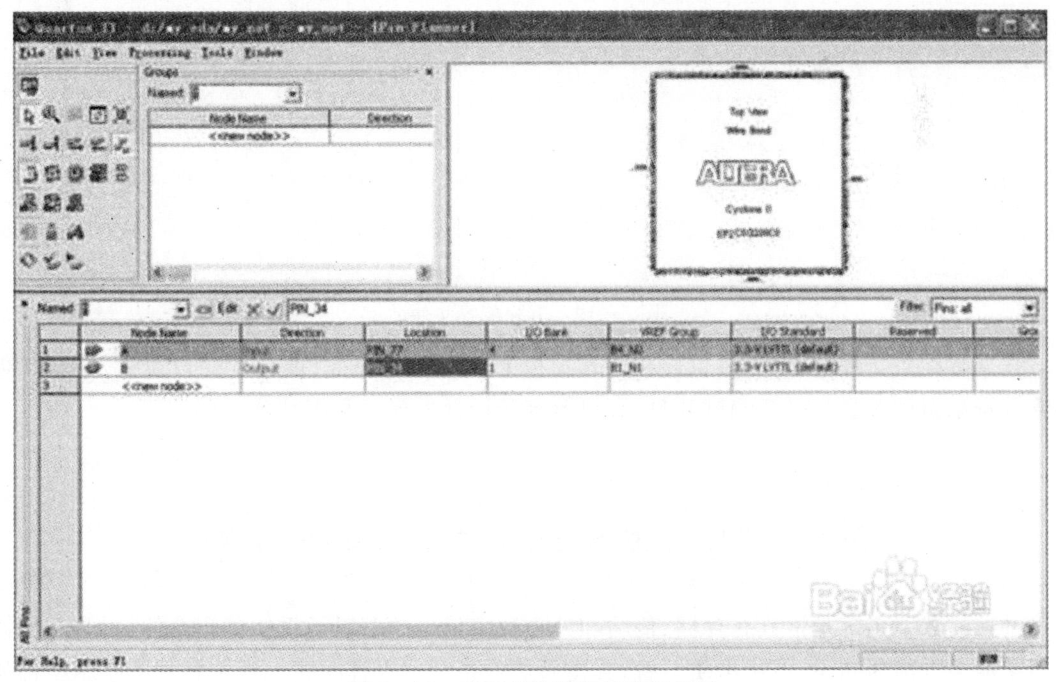

图 3－18　对应具体器件的管脚分配

4. 编程下载

将 DE0－CV 开发板正确上电，并用 USB 下载线缆与计算机相连接。依次点击【Tools】→【Programmer】等选项。如果一切正常，在出现的对话框里应能够看到在“Hardware Setup”这一项中，FPGA 开发板已经被 Quartus Ⅱ软件正常识别为 USB Blaster 设备，这样就为配置文件下载做好了准备；点击【Add file】选项后，选择工程编译后生成的后缀为. sof 的配置文件，点击【Start】即可开始下载过程。从 Progress 中的蓝色进度条能够看到当前的下载进度，如果达到 100％，则表示配置文件已经下载完成。此时开发板已经配置好，并能够完成所设置的功能，操作界面如图 3－19 所示。

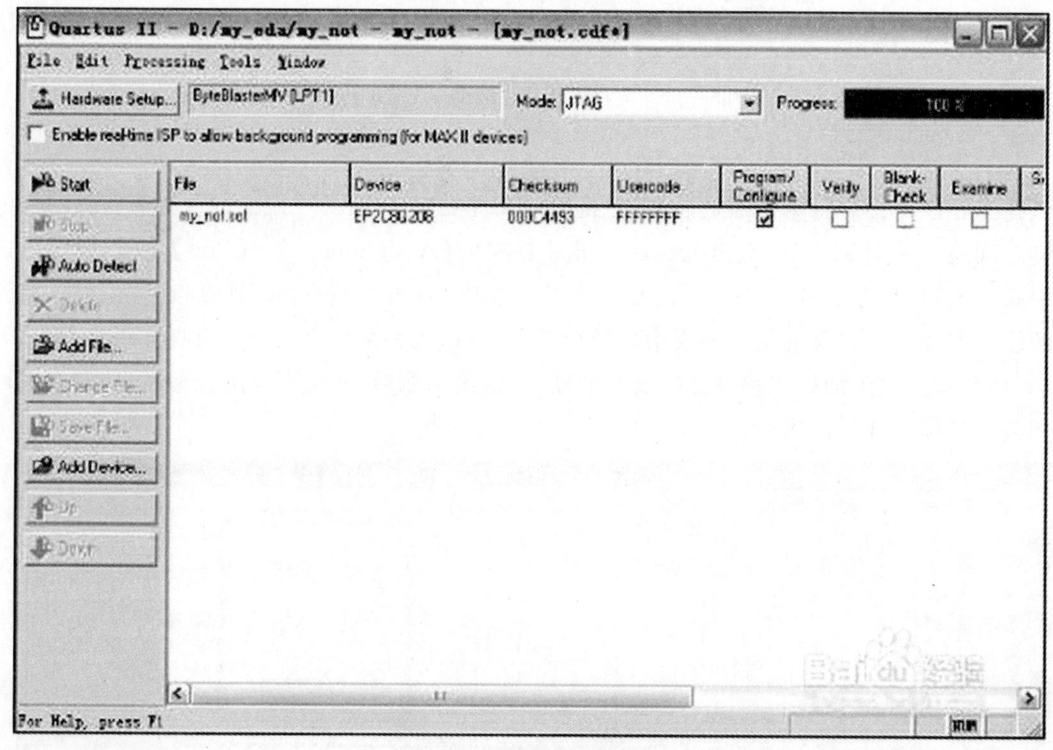

图 3－19　下载配置文件

在完成配置文件的下载后，可以利用开发板上面配置的按键、推拉开关以及 LED 灯与数码管等资源对电路状态进行测试和显示，以验证所设计的代码是否功能正常。

3.3　FPGA 系统设计基本方法与原则

常见的数字系统是指具有存储、传输和处理数字信息的逻辑子系统的集合体，尽管系统设计中牵涉多方面的知识，但从本质上看，其核心仍然是逻辑设计问题。数字系统的基本结构如图 3－20 所示。

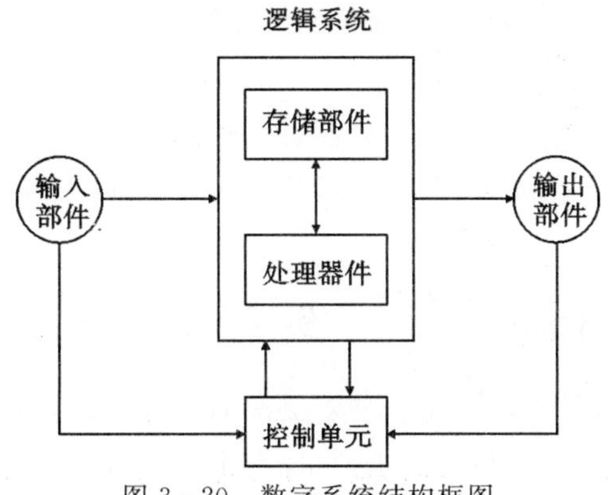

图 3－20　数字系统结构框图

3.3.1　自顶向下的设计方法

自顶向下的设计方法是指将电子系统整体结构逐步分解为功能相对独立的多个子系统和模块，若子系统的规模较大，则还需要将子系统进一步分解为更小的子系统和模块，通过层层分解，直至整个系统中各子系统之间关系合理、清晰，并且便于逻辑电路级的设计和实现为止。

当采用该方法设计时，在高层设计进行功能定义和接口描述，模块功能的更详细描述在下一设计层次加以说明，只有最底层的设计才涉及具体的寄存器和逻辑门电路等实现方式的描述。因此，在数字系统设计中采用自顶向下模式的关键在于全面理解系统功能并对系统结构进行合理的分割，并在不同的设计级别中合理采用不同描述方法的设计思路。自顶向下设计的描述通常分为系统级描述、功能级描述和器件级描述等 3 个阶段，如图 3－21 所示。

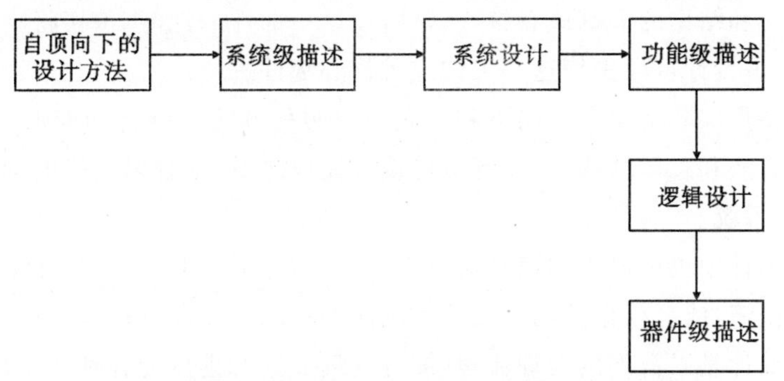

图 3－21　自顶向下的设计方法流程

(1)系统级描述是指对系统总体技术指标的描述，属于最高层次的描述。由此导出的实现系统功能的方法也是对系统功能的一种描述，也被称为算法级描述。

(2)功能级描述实质上就是逻辑框图，说明系统经过分解后，各个功能模块的基本构成以及相互之间的联系。

(3)器件级描述是指详细的逻辑电路图，在该阶段的描述细化到给出实际系统的单元电路，以及它们之间的连线关系。在逻辑设计阶段中，这是最低级别，也是最为具体的描述。

自顶向下的设计原则或其他层次化设计方法都需要对系统功能进行合理分割，然后用逻辑语言加以描述。在分割过程中，若分割过粗，则不易用逻辑语言表达；而分割过细，则带来不必要的重复和烦琐。因此,分割的粒度需要根据具体的设计目的和工具来确定,同时需要设计者在实践过程中认真体会并加以总结。

掌握分割程度,可以遵循以下的原则:分割后最底层的功能块应适合采用逻辑语言进行表述;相似的功能应设计为共享的基本模块;接口信号应尽可能少;模块的规划和设计尽可能做到通用性好,并且便于移植。

3.3.2 自底向上的设计方法

自底向上的数字系统设计方法也是一种多层次的设计流程,该方法从现成的数字器件或者子系统开始,根据用户对系统的性能要求,对现有组件或者相似系统加以修改、扩展并相互连接,直到构成符合功能要求的新系统为止。其流程如图 3-22 所示。

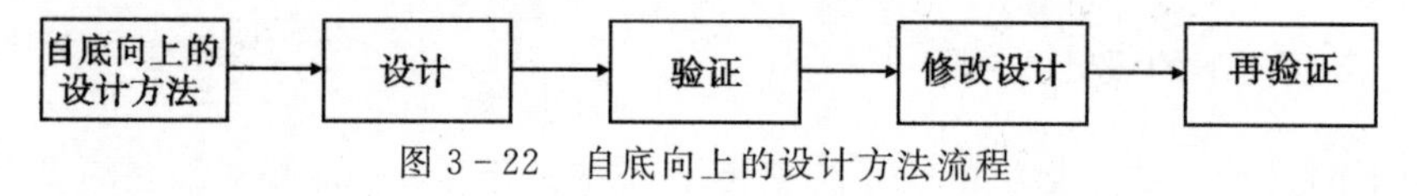

图 3-22　自底向上的设计方法流程

(1)优点:设计者根据经验进行设计和修改,可以充分利用已有设计成果,较快地设计出所需要的系统,设计成本较低。

(2)缺点:在进行底层设计时,缺乏对整个系统总体性能的把握,其系统结构有时不是最佳的。随着系统规模和复杂程度的不断提高,其缺点越来越突出。

3.3.3 自关键部位开始设计的方法

当设计者在系统设计的初始阶段就可以做出判断:在待设计的系统当中,必然要配置某个决定整体系统性能和结构的关键或者核心部件,而这一部件的性能、价格将决定这种系统结构是否可行。此时,该设计可以围绕这一关键或者核心部件进行。

这种方法的特点实际上是自顶向下和自底向上两种方法的结合和变形,自顶向下地考虑系统可能采用的方法和总体结构,在关键部件设计完成之后,配合以适当的辅助电路和控制电路,从而实现整个系统。

在数字系统设计中也可以采用信息流驱动设计方法:系统信息流驱动设计方法是根据数据处理单元的数据流,或者根据控制单元的控制流的状态和流向进行系统设计的方法。其中,系统数据流驱动设计是以数据的处理流程(即待处理数据所进行的各种变换)为思路来推动系统设计而有序进行的设计方法;系统控制流驱动设计是以控制过程为系统设计的中心,即设计者由控制单元具体实现的控制过程入手,从而确定系统控制流程的设计方法。

现将数字系统设计的一般过程加以总结,数字系统设计若采用自顶向下的设计方法,具体分为以下三步进行。

(1)根据系统的总体功能要求,进行系统级规划和设计。

(2)按照一定标准将整个系统划分为若干子系统,进行逻辑级别的子系统设计。

(3)将各个子系统划分为若干功能模块,针对各模块进行逻辑电路级设计。

还应注意以下两点。

(1)子系统的划分要合理,数量要适当。子系统划分太少,就会失去系统模块化设计的优点；而如果子系统划分数量太多，则会导致各个子系统之间的连接关系过于复杂，容易出现错误。

(2)子系统的首要任务是正确划分功能模块。也就是说，如何将其正确地划分为控制和数据处理模块，并且按照不同模块的特点进行相应的设计与验证。

1. 系统级设计的过程

(1)确定系统的逻辑功能。逻辑功能的确定是设计的首要任务，即根据用户要求，对设计任务做透彻的分析和了解，确定系统的整体功能及其输入信号、输出信号、控制信号，确定控制信号与输入、输出信息之间的关系。

(2)描述系统的功能，设计算法。描述系统功能就是用符号、图形、文字和表达式等形式来正确描述系统应具有的逻辑功能和应该达到的技术指标。设计算法就是寻求一个实现系统逻辑功能的方案。它实质上是把系统要实现的复杂运算分级成一组有序进行的子运算。目前设计算法的工具有算法流程图等类型。

2. 逻辑级设计的过程

(1)根据算法选择电路结构。系统算法决定电路结构，虽然不同的算法可以实现相同的系统功能，但是电路实现后的结构是不同的；另外由于EDA设计工具的差异会导致相同的算法也可能对应不同的电路结构。

(2)选择器件并实现电路。根据设计、生产条件，选择适当的器件来实现电路，并导出详细的逻辑电路图。在此之后将是工程设计阶段，它包括印制电路板的设计、接插件的选择及形成整机的工艺文件等。逻辑级设计所提供的逻辑图应充分包含全部工程设计所需要的信息。

随着数字集成技术的飞速发展，VLSI规模和技术复杂度也在急剧增长，复杂数字系统单靠人工设计变得十分困难，必须依靠EDA技术的辅助。而采用EDA技术设计数字系统的实质是一种自顶向下的分层设计方法，在系统实现的每一层上都会开展描述、划分、综合和验证四种类型的工作。

这里所说的描述是指电路系统设计的输入方法，既可以采用图形输入、硬件描述语言输入或者二者混合使用的方法输入，也可以采用波形图输入等方法。

在设计中的划分、综合和验证环节则可以采用EDA软件平台自动完成，通过合理使用EDA软件所提供的这些功能将大大简化设计工作，并提高开发效率。由于具备了这些优点，采用EDA技术设计数字系统的方法得到了越来越广泛的应用。

3.3.4　数字系统的设计准则

当进行数字系统设计时，设计者通常要综合考虑多方面的因素，尽管具体的设计条件和系统性能要求千差万别，实现的方法也各有不同，但是数字系统的方案设计还应遵循一些共同的准则来开展。

1. 分割准则

自顶向下的设计方法是一种层次化设计方法，需要对系统功能进行合理分割，然后采用逻辑语言进行描述。在分割过程中，若分割过粗，则不易用逻辑语言表达；而如果分割过细，则会带来不必要的重复和烦琐。因此,分割的粗细程度应根据具体情况而定,以适应系统设计的需求。通常,分割时可遵循以下原则。

(1)分割后最底层的逻辑块电路应当适合用逻辑语言进行表达。如果利用逻辑图作为最底层模块输入方法,需要分解到门、触发器和宏模块的电路级别;用 HDL 作为描述语言则可以分解到算法一级。

(2)考虑共享模块。在系统方案设计中,通过对逻辑功能的梳理和总结,往往会出现一些功能相似的逻辑模块,通常具有相似功能的部分应该设计成可共享的基本模块,像子程序一样由高层逻辑块进行调用。这样可以减少所需要设计的模块数量,并起到改善设计的结构化特性的作用。

(3)接口信号线最少,封装良好。复杂的接口信号容易引起设计错误,不但使用烦琐,同时也会给系统中的布线带来困难。以相互之间连接信号数量最少的地方作为边界划分模块功能,用最少的信号连线在模块之间进行信号和数据的交互为最佳的设计方案。

(4)结构匀称。同层次的模块之间,在资源和 I/O 分配上,不出现悬殊的差异,也没有明显的结构和性能上的瓶颈。

(5)通用性好,易于移植。模块的划分和设计应尽量满足通用性的要求,模块设计应当在满足功能需求的同时,适当考虑后续移植性的问题。一个好的设计模块应该可以在其他设计中使用,并且容易升级和移植;另外在设计中应尽可能避免使用与具体器件信号有关的特性,以保证所开展的电路设计可以在不同的器件上实现,即使得系统方案设计具有良好的可移植性。

2. 系统的可观测性准则

在基于 FPGA 器件的电路系统设计中,由于器件的集成程度非常高,设计者应该在确定具体实施方案的同时考虑整体系统的功能检查和性能测试的便利性,即关注系统可观测性的问题。

在复杂数字系统中除器件外部引脚上的信号以外,系统内部的状态也是工程设计中需要测试的重要内容。如果所设计的输出信号能够准确且全面地反映系统内部的状态,可以通过输出观测到系统内部的工作状态是否满足设计要求,那么这个系统是具备可观测性的;如果输出信号不能完全反映系统内部的工作状态,那么这个系统是不可观测的,或者是部分可观测的。这时,为了测试系统内部的状态,就需要建立或者增加必要的观测电路或者接口,将不可观测的系统转换为可观测的系统。

有经验的设计者会自觉在设计电子系统的同时,设计相应的观测电路方案,用以指示系统的内部工作状态,通过保证电路内部状态始终处于可测可见的状态,从而确保开发工作的顺利开展。同样,在基于 FPGA 器件的数字系统设计中,开发者也应通过将系统内部信号引向管脚输出以提供外部测试条件,使得对系统工作状态的判断准确而全面。

在数字系统设计中建立观测电路,可遵循以下原则:

(1)将系统的关键点信号,如时钟、同步信号和状态机状态等信号作为状态观测量;

(2)将具有代表性的节点和线路上的信号作为内部状态观测量;

(3)观测电路应具备简单的判断系统工作是否正常的能力。

在数字系统设计中,由于同步电路按照统一的时钟工作,稳定性好,而异步电路会造成较大的系统延时和逻辑竞争,容易引起系统的不稳定,所以应该尽可能地采用同步电路进行方案设计实现,而避免采用异步电路的结构。在必须使用异步电路的场合,应该采取必要的措施来避免竞争和增加稳定性。如果系统使用两个以上的时钟,必要的时候须插入时钟同步电路。

3.最优化设计准则

由于可编程器件的逻辑资源、连接资源和I/O资源是有限的,器件的速度和性能也是有限的,所以用FPGA器件设计数字系统的过程相当于求最优解的过程。这个求最优解的过程需要在两个约束条件下进行,即边界条件和最优化目标。边界条件是指器件的内部资源及性能限制。最优化目标有多种,设计中常见的最优化目标有以下几条:

(1)器件资源利用率最高;

(2)系统工作速度最快,即延时最小;

(3)布线最容易,即可实现性最好。

具体工程设计中往往由于各种条件的限制,各最优化目标之间有时会相互冲突从而产生矛盾。这时,就需要牺牲一些次要矛盾方面的要求,来满足主要矛盾方面的要求。现代EDA软件中一般都提供常用的优化设计工具,用户可以通过改变优化策略来调整EDA工具的设计流程以具体实现系统的内部结构。

4.系统设计的艺术

一个系统的方案设计通常需要经过反复的修改、优化从而渐趋完善的过程。在各种设计要求、限定条件、优化原则之间反复权衡利弊、折中、构思并加以创造才能达到设计的意图和要求。设计既是一门技术,也是一门艺术。一个好的设计应该满足“和谐”的基本特征。

对数字系统设计的合理性可以根据以下几点做出判断:结构协调性;资源分配、I/O分配的合理性,没有设计和性能上的瓶颈;具有良好的可观测性;易于修改和移植;器件的特点得到充分的发挥。

第4章 基础实验部分

4.1 利用原理图输入方法的计数、译码电路设计

4.1.1 实验要求

(1)采用 DE0 - CV 开发板,根据 Quartus Ⅱ集成开发环境的原理图输入法,利用器件库中提供的预置器件完成级联计数器的设计,以实现 0～99 的计数器电路。

(2)通过译码器将计数器的数值转换为 7 段数码管驱动信号,通过开发板上的按键向计数器提供计数脉冲,并记录到达的脉冲数量,利用数码管对计数器数值加以显示。

4.1.2 实验目的

(1)完成 FPGA 工程开发中采用原理图输入法进行系统设计的完整流程,包括整体系统方案设计,针对各类元器件的设计资源查找、功能模块输入、工程设计的编译与错误排查并加以分析和修正。

(2)通过实验开展对 4 种类型的 FPGA 芯片引脚(IN, OUT,INOUT 和 BUFFER)的使用方法及相互区别获得初步认识。

(3)实现所设计系统与具体型号的 FPGA 芯片中管脚之间的映射关系,将工程编译完成后的配置文件下载至 FPGA 开发板,在实验中掌握基本的系统调试手段,通过开发板上面的板载资源来验证系统设计是否具备所要求的的功能,并了解 FPGA 器件不同类型管脚资源及相关配置方法。

(4)对 DE0 - CV 开发板上所提供的板载资源有初步认识,理解 FPGA 开发板上 AS 与 PS 两种不同工作模式之间的区别。

(5)对利用原理图输入法设计 FPGA 系统的优点及局限性有初步认识,并能够在后续实验中与采用 VHDL 硬件描述语言的工程设计方法进行比较。

4.1.3 实验思考

(1)在实验过程中,注意总结 Quartus Ⅱ软件的使用方法,并在编译过程中对输出信息进行阅读和理解。当出现错误时,能够根据信息提示分析和查找错误原因并定位故障点加以解决。

(2)如果需要将本次实验中的设计进行复用,查阅资料以了解如何利用原理图输入方法完

成工程方案的层次化设计，能够将所完成的设计作为后续高层次设计的模块化组件。

(3)如果希望将一片 74LS163 计数器和相关的十六进制与十进制转换电路，以及一片 74LS48 译码器相结合形成计数与显示模块并进行封装，再利用这一封装模块在系统中实现计数与显示模块的级联，以形成 0～9 999 之间的十进制计数、显示，电路组件应当如何设计？

就 FPGA 系统设计而言，采用原理图设计方法的基本思路类似于以前采用中小规模集成电路进行组合的方式，其主要支撑条件是集成开发环境所提供的功能强大、门类齐全的器件库。但是不同种类的集成开发环境之间器件库中元件的通用性不高导致了基于原理图设计的可移植性差；同时不同的系统设计，对器件功能的需求也是千差万别的，受限于器件库所能够提供的器件种类，单纯采用原理图输入法进行工程设计缺乏灵活性和可扩展性。有时会出现这样的情况：当设计实现的芯片型号或者提供厂家变化后，整个原理图需要做较大的修改甚至全部重新设计。为了克服基于原理图的工程设计可移植性差等缺点，硬件描述语言(HDL)就应运而生。与原理图输入方法相比较，采用硬件描述语言完成的工程设计具有可移植性好、可维护性高，并且有利于超大规模系统设计的优势。

鉴于此，在工程化的 FPGA 系统开发过程中，通常原理图输入仅作为一种辅助性的设计手段，并且常常应用于混合设计中。在混合设计方案中，使用原理图输入方法将 Verilog、VHDL、IP 核生成器所生成的 IP 核、功能模块(Logic Block)、数字时钟管理模块(DCM)，以及由 STATECAD 设计的状态机等设计资源生成原理图模块符号(Symbol)，并在原理图中将这些模块符号组织起来，结合采用原理图输入法、HDL 语言描述法，以及逻辑模块的封装调用等方式来完成层次化的混合设计。

在实验中采用 74LS163 四位二进制加法计数器，其输出为二进制 BCD 码，通过级联的方式将其扩展为 2 级十进制计数器，因此其计数范围为 0～99。利用译码器将计数器输出的二进制码转换为数码管的段驱动信号，由于在 DE0 - CV 开发板中所提供的 7 段数码管为共阴极类型，所以需要译码电路输出高电平有效，在实验中相应地采用了 74LS48 译码器。

4.1.4　实验所需器件

1. 74LS163 计数器

74LS163 是常用的 74 系列四位二进制可预置的同步加法计数器，可以灵活地运用在各种数字电路，以及单片机系统中以实现计数、分频等重要功能。74LS163 计数器在工作状态下从 0000 开始，当连续计数至输入 16 个计数脉冲时，电路将从 1111 返回 0000 状态，同时 74LS163 的 CO 端在计数器溢出时输出进位信号。

在实验中将采用 DE0 - CV 开发板上的按键提供计数器所需的时钟上升沿，DE0 - CV 上面所搭载的按钮自带消抖功能，当按下按钮时输出逻辑低电平，当按钮弹起时恢复高电平。因此，每按键一次，即产生一个上升沿脉冲信号，作为计数器的计数脉冲。

本次实验中计数范围为 0～99，需要将两片 74LS163 级联扩展。由于采用 7 段数码管进行计数器内容的显示，所以应当进行计数器十六进制向十进制的转换。在数字电路设计中，计数器的进制转换可采用预置数方法，也可以利用门电路进行计数器状态判断，并通过清零的方式完成。设计者需要根据系统的具体要求进行灵活选择。

图 4 - 1 和表 4 - 1 分别表示了 74LS163 计数器的管脚分配方式，以及输入、输出状态真值表，以供实验参与者在设计过程中参考。

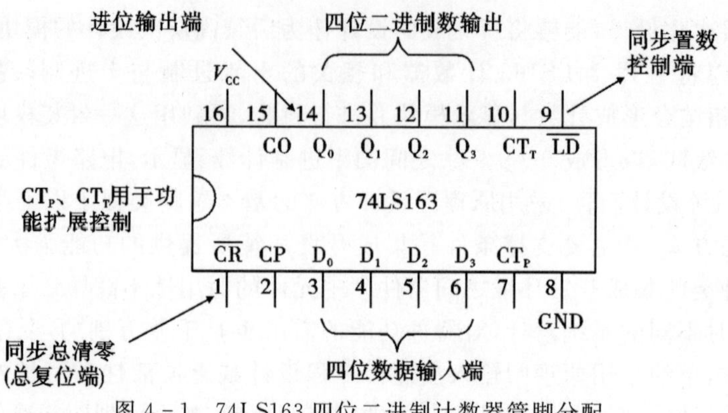

图 4-1 74LS163 四位二进制计数器管脚分配

表 4-1 74LS163 计数器真值表

输入									触发器状态			
CP	$\overline{CR}$	$\overline{LD}$	CT_P	CT_T	D_3	D_2	D_1	D_0	Q_3	Q_2	Q_1	Q_0
↑	0	×	×	×	×	×	×	×	0	0	0	0
↑	1	0	×	×	A_3	A_2	A_1	A_0	A_3	A_2	A_1	A_0
↑	1	1	1	1	×	×	×	×	4 位二进制加计数			
↑	1	1	0	×	×	×	×	×	保持功能			
×	1	1	×	0	×	×	×	×	保持功能			

2. 74LS48 译码器

由于 DE0-CV 开发板上提供的 6 个 7 段数码管为共阴极类型，其驱动信号高电平有效，所以在利用原理图输入法实现计数器电路的实验中选择使用 74LS48 译码器，将计数器输出的 4 位 BCD 码转换为数码管所需的驱动信号。

7 段显示译码器 74LS48 是输出高电平有效的译码器，其 4 个输入端 A、B、C、D 是 8421 编码，其中 D 是高位，译码电路通过 A、B、C、D 的高低电平组合控制数码管的显示内容。74LS48 译码器除了实现 7 段显示译码器基本功能的输入端(DCBA)和输出端(Ya～Yg)之间的转换关系以外，还引入了灯测试输入端(LT)和动态灭零输入端(RBI)，以及既有输入功能又有输出功能的消隐输入/动态灭零输出端(BI/RBO)等扩展引脚，如图 4-2 所示。

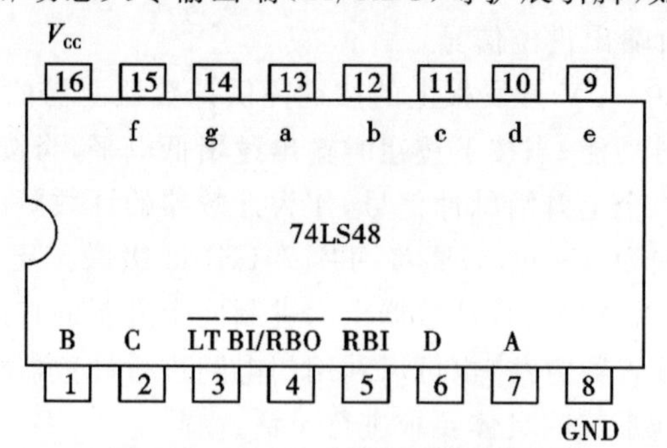

图 4-2 74LS48 译码器管脚分配

根据译码器的真值表(见表 4-2)可知：4 号管脚端具有输入和输出双重功能。当作为输入(BI)低电平时,所有字段输出置 0,即实现消隐功能。当作为输出(RBO)的时候,即 LT=1,RBI=0,DCBA=0000 时译码器输出低电平,可实现动态灭零功能。当 3 号(LT)管脚有效低电平时,所有字段置 1,此时 7 段数码管的所有字段全部点亮,从而实现了对数码管的测试功能。

表 4-2　74LS48 译码器真值表

功 能	输 入						输 出							
	$\overline{LT}$	$\overline{RBI}$	A_3	A_2	A_1	A_0	$\overline{BI}/\overline{RBO}$	a	b	c	d	e	f	g
0(Note 1)	1	1	0	0	0	0	1	1	1	1	1	1	1	0
1(Note 1)	1	×	0	0	0	1	1	0	1	1	0	0	0	0
2	1	×	0	0	1	0	1	1	1	0	1	1	0	1
3	1	×	0	0	1	1	1	1	1	1	1	0	0	1
4	1	×	0	1	0	0	1	0	1	1	0	0	1	1
5	1	×	0	1	0	1	1	1	0	1	1	0	1	1
6	1	×	0	1	1	0	1	0	0	1	1	1	1	1
7	1	×	0	1	1	1	1	1	1	1	0	0	0	0
8	1	×	1	0	0	0	1	1	1	1	1	1	1	1
9	1	×	1	0	0	1	1	1	1	1	0	0	1	1
10	1	×	1	0	1	0	1	0	0	0	1	1	0	1
11	1	×	1	0	1	1	1	0	0	1	1	0	0	1
12	1	×	1	1	0	0	1	0	1	0	0	0	1	1
13	1	×	1	1	0	1	1	1	0	0	1	0	1	1
14	1	×	1	1	1	0	1	0	0	0	1	1	1	1
15	1	×	1	1	1	1	1	0	0	0	0	0	0	0
$\overline{BI}$(Note 2)	×	×	×	×	×	×	0	0	0	0	0	0	0	0
$\overline{RBI}$(Note 3)	1	0	0	0	0	0	0	0	0	0	0	0	0	0
$\overline{LT}$(Note 4)	0	×	×	×	×	×	1	1	1	1	1	1	1	1

在实验过程中,可以根据 74LS48 的功能描述及真值表获知其所具有的逻辑功能,并完成正确的器件设置。

(1)7 段译码功能(LT=1,RBI=1)。在灯测试输入端(LT)和动态灭零输入端(RBI)都接无效电平时,输入信号 DCBA 经过 74LS48 的译码,输出高电平有效的 7 段字符显示驱动信号。

(2)消隐功能(BI=0)。此时器件的 BI/RBO 端作为输入端,当该端输入为低电平信号时,无论 LT 和 RBI 输入什么电平信号,不管输入 DCBA 为什么状态,译码器输出全为"0",7 段数码管熄灭。该功能主要用于多数码管的动态显示场合。

(3)灯测试功能(LT = 0)。此时 BI/RBO 端作为输出端, LT 端输入低电平信号时,与 DCBA 输入无关,输出全为"1",数码管的 7 个字段全部点亮。该功能用于 7 段数码管的完好性测试,判别是否有损坏的字段。

(4)动态灭零功能(LT=1,RBI=1)。译码器的 LT 端输入高电平信号,BI/RBO 端的输入为低电平信号,若此时 DCBA = 0000,见表 4-2 中倒数第 2 行,输出全为"0",数码管熄灭,不显示这个零。DCBA≠0,则对显示没有影响。该功能主要用于多个 7 段数码管同时显示时熄灭高位的零。

4.2 利用 VHDL 语言实现半加器与全加器

4.2.1 实验要求

(1)在 Quartus Ⅱ 开发环境中利用 VHDL 语言设计一位半加器与全加器电路。

(2)对全加器模块进行封装,并通过调用封装后的模块,采用元器件的实例化方式实现 4 位全加器的级联电路。

(3)用 DE0-CV 开发板上滑动开关的状态作为全加器的输入,通过开发板上搭载的 7 段数码管显示全加器的输出结果。

4.2.2 实验目的

(1)完成 FPGA 工程开发中利用 VHDL 语言进行系统设计的完整流程,包括根据系统功能的要求确定 VHDL 代码总体结构;使用硬件描述语言的抽象方式表达逻辑电路功能;编译 VHDL 代码以生成 FPGA 器件的配置文件;在实验过程中进行常见语法错误的定位、排查,体会并掌握基本的代码调试方法,通过实验开展对 VHDL 的语法特点与代码组织结构有初步了解和掌握。

(2)半加器及全加器属于组合数字逻辑电路,要求参加实验者在工程设计中,认真体会并实现层次化的 VHDL 代码组织结构,考虑在以后的实验中对代码进行复用,以及 VHDL 代码在 FPGA 工程设计中的功能可扩展性等要求,以提高开发效率。

(3)明确在 FPGA 技术的学习和实际工程开展中,设计工作应按照对系统功能的合理分解,通过设定阶段性设计目标,并对各个步骤加以充分验证以达成设计任务。在代码编写过程中对设计的通用性要求加以体会,以便为后续工作提供设计方面的基础性支持,而不是仅仅完成一次性的代码设计。

(4)进一步了解和掌握 DE0-CV 开发板上所搭载的硬件资源特点,了解作为基本输入验证手段的滑动开关与按键之间结构与功能的差别,并能够根据已掌握的理论知识对实验中观察到的现象进行合理判断,从而判断系统设计是否达到初始要求。

(5)在利用 VHDL 语言进行 FPGA 系统设计的过程中,体会与采用原理图输入的设计法之间的不同特点,从而对 FPGA 系统设计中采用混合方式设计的思想有所认识。

(6)观察利用 VHDL 语言设计的工程经过编译后生成的 RTL 电路,并尝试观察不同代码结构下所生成的 RTL 电路结构之间的区别,从中体会 VHDL 代码与硬件电路之间的映射关系,并根据对 FPGA 芯片内容资源使用情况对代码设计的合理性进行判断。

4.2.3 实验思考

(1)在 VHDL 语言设计过程中,高质量代码的特点体现在哪些方面?如何在工程设计的开始阶段，对功能要求进行分析并形成合理的方案设计？

(2)如果需要将本次实验中的代码进行复用，应如何在新的 FPGA 工程中引入已有的设计成果，并将其作为后续设计的模块化组件？

(3)在编程过程中体会 FPGA 工程设计时，与原理图输入法利用预置的内部器件库中所提供的元件方式相比较，利用硬件描述语言对系统功能进行描述，其受到的限制更少，因此也更为灵活的优势。但需要注意体会并总结：如何编写有效的 VHDL 代码，在同样完成系统功能的前提下，更加合理地利用芯片内部资源。通过本次实验对 VHDL 代码设计效率问题有初步的认识，并在后续的实验中注重培养自己的工程思维。

(4)为提高 VHDL 代码开发效率，目前有哪些程序包可以使用，它们各自有什么特点？根据本次实验要求，需要用到哪些功能，并如何引用所需的程序包？

(5)查阅资料并了解如果希望能够将本次基于 VHDL 语言设计的半加器和全加器作为模块组件，用于原理图输入法和利用 VHDL 语言的混合设计，应该怎样做？

(6)尝试利用并行进位和串行进位两种方式设计 4 位全加器，并比较在设计工程完成综合后所生成 RTL 电路之间的资源占用率，通过观察编译后生成的 RTL 电路，对并行进位和串行进位两种方式的计算效率和硬件代价进行评价。

半加器、全加器是组合逻辑电路中的基本功能元件，也是 CPU 中处理加法运算的核心组件，对其概念加以理解、掌握并熟练应用是硬件设计课程的基本要求。本次实验通过半加器、全加器的设计实验，使学生对如何构造高效率的加法器有一定的认识。

一位半加器，是指对两个一位二进制数实施加法操作的元器件，其真值表与逻辑符号分别见表 4－3 和图 4－3。端口信号 a 和 b 分别代表半加器的二进制输入，信号 S_o是相加后和数的输出信号，C_o是进位输出信号。从半加器的真值表可以看出，半加器可以完成两个一位二进制数的加法操作，但因为只有两个输入，无法接受低位的进位，所以称为半加器。

在实验中可以利用 DE0－CV 开发板上的两个拨动开关表示半加器的两个输入，而用两个 LED 的明暗状态表示半加器的两个输出状态，通过改变输入状态观察输出结果与设计功能是否吻合。

表 4－3　半加器真值表

输 入		输 出	
加数 a	加数 b	和数 S_o	进位 C_o
0	0	0	0
0	1	1	0
1	0	1	0
1	1	0	1

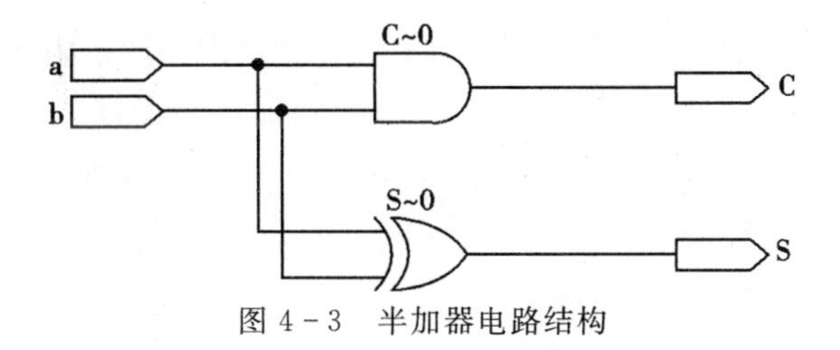

图 4－3　半加器电路结构

全加器解决了半加器无法接受低位进位的问题,一位全加器有三个输入(包括来自低位的进位)和两个输出(相加的和及高位进位)。由数字电路知识可知,一位全加器可以由两个一位半加器与一个或门构成。将一组这样的一位全加器级联起来就构成一个串行进位的加法器。本次实验利用 VHDL 语言描述半加器和全加器的逻辑功能,在 Quartus Ⅱ平台上进行编译和综合,并把配置文件下载到选定的目标器件中。

在设计全加器的时候,需要采用层次化结构的设计理念,首先将半加器电路打包为半加器模块,然后在顶层设计中调用半加器模块以组成全加器电路。其对应的逻辑功能见表 4-4,其中 C_{i-1} 表示低位进位信号,而 S_i 表示相加的和,C_i 为高位进位信号。

表 4-4　全加器真值表

输 入			输 出	
A	B	C_{i-1}	S_i	C_i
0	0	0	0	0
0	0	1	1	0
0	1	0	1	0
0	1	1	0	1
1	0	0	1	0
1	0	1	0	1
1	1	0	0	1
1	1	1	1	1

多位加法器的构成有两种方式:并行进位和串行进位方式。并行进位加法器设有并行进位产生逻辑,可以直接产生多位二进制加法的最终进位,而不用等待低位计算完再计算高位,因此其运算速度较快;串行进位方式则是利用全加器的级联方式构成多位加法器(见图 4-4)。并行进位加法器通常比串行级联加法器占用更多的资源,随着加法器位数的增加,相同位数的并行加法器与串行加法器的资源占用率的差距会快速增大。在实验过程中,学生可以通过增加加法器位宽,分别采用并行进位和串行进位方式进行 VHDL 代码编程,对完成综合后系统资源的占用情况进行统计和分析。

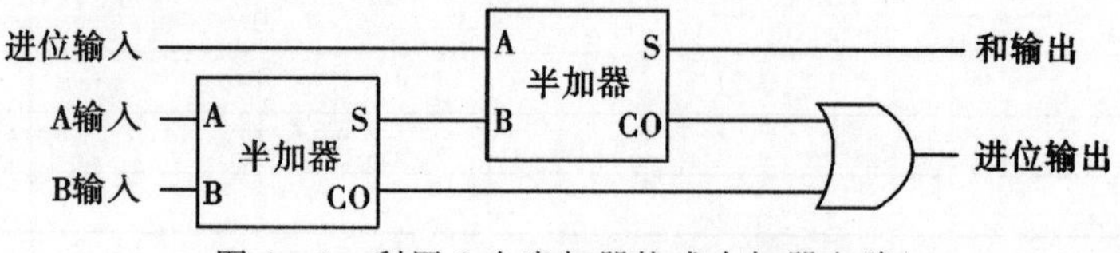

图 4-4　利用 2 个半加器构成全加器电路

加法器是数字系统中的基本逻辑器件,为了节省芯片内部的逻辑资源,减法器和硬件乘法器等运算电路都可由加法器来构成。具有较多位数的加法器设计是比较耗费硬件资源的,因此在实际设计和相关系统的开发中需要综合考虑器件硬件资源利用率和进位速度两方面因素。事实上在所有基于可编程逻辑器件的工程设计中,都需要设计者在芯片资源利用率和运行速度两方面权衡得失,以探寻最佳选择。

4.3　基于 VHDL 的乘法器电路设计

4.3.1　实验要求

在 Quartus Ⅱ 开发环境中利用 VHDL 语言设计 4 位乘法器电路，利用 DE0-CV 开发板上滑动开关的状态作为乘法器的两个 4 位二进制输入，通过开发板上的 LED 灯的状态表示乘法器输出结果，以观察二进制数值之间相乘运算的结果。

4.3.2　实验目的

(1)数值运算是 FPGA 在数字信号处理领域的重要应用之一，通过 VHDL 语言完成二进制数值之间的乘法计算对掌握 VHDL 语言设计中循环语句的应用，理解硬件电路中数值计算的实现方法都具有重要意义。VHDL 语言作为硬件描述语言与其他编程语言之间的最大不同在于必须考虑硬件的可实现性，在实验中必须认真体会这一点。在完成乘法器设计后，编译 VHDL 工程代码，并进行错误排查。

(2)基于 FPGA 的二进制乘法器实现既可以采用移位相乘法，也可以采用查找表方法。参加实验者通过查阅资料并结合已学习的知识，首先利用移位相乘方法完成乘法器的设计工作，然后尝试利用查找表方法设计 2 位乘法器，并在此基础上提出技术方案，以通过对 2 位乘法器的扩展实现 4 位乘法器。

(3)在实验过程中观察采用不同乘法器实现方式的 VHDL 代码经过编译后生成 RTL 电路之间的差别，比较两种方法对 FPGA 芯片内部资源的占用率，并对两种乘法器的性能进行综合评价。

4.3.3　实验思考

(1)在本次实验的乘法器设计中采用移位相乘法原理，试分析其计算效率，并通过查阅相关资料，了解二进制数值乘法中 Booth 算法的基本原理。思考如果需要提高硬件乘法器的计算速度，可以采取哪些措施？

(2)如果需要将本次实验中的乘法器代码进行复用，如何在新的 FPGA 工程中引入已有的乘法器设计，并将其作为后续工程设计的模块化组件？

(3)在设计二进制乘法器的查找表方法和移位相乘法之间哪种方法的计算速度更快？哪种方法的扩展性更强？

(4)如果需要基于移位相乘法的基本原理以实现二进制数值除法器，VHDL 代码应该怎样设计？是否需要设计减法器？能否通过前面实验所设计的全加器来实现？

在当代通信与信号处理系统所使用的各种类型处理器中，乘法器都是数字运算的重要单元，高性能乘法器是完成高速实时数据运算和处理的关键。随着技术不断发展，FPGA 器件被应用到很多规模数据处理应用中，如高速的 DSP(数字信号处理)系统。但是在常见的 FPGA 芯片内部一般不具有现成的乘法运算单元，因而研究基于 FPGA 的数字乘法器设计具有重要的意义。针对 FPGA 的乘法器设计，已有前人做了大量的工作，总结起来主要有阵列法、查找表法、移位相加法和 Booth 法等。此外，还有以这几种方法为基础的改进方法，如有限域乘法器等。实际应用中，有时需要乘法运算有较快的速度，有时则需要较少的硬件资源和适中的速度，乘法器的速度和面积优化对于整个系统的处理性能来说非常重要，因而有必要对乘法器的算法、结构及电路的具体实现进行分析与比较。

乘法运算可以利用组合电路或时序电路来实现。组合电路乘法器比时序电路乘法器耗用硬件资源更多，但是运算速度更快。时序电路乘法器则需要几个时钟周期才能完成乘法运算，但是耗用的硬件资源较少。常见的组合电路乘法器有阵列乘法器和查找表乘法器，常见的时序电路乘法器有移位相加乘法器和 Booth 乘法器，其他的乘法器多为以此为基础进行组合变形。

查找表乘法器是将乘积直接存储在存储器中，将乘数和被乘数作为地址访问存储器，得到的输出数据就是乘法运算的结果。如图 4-5 所示为查找表乘法器的原理。查找表乘法器的速度只局限于所使用的存储器的存取速度，但是查找表的规模随着操作数位数的增加迅速增大。因此，查找表乘法器不适合位数较高的乘法。当乘数位数较高时可以将乘数分成几个部分，然后用低位数的查找表实现乘法运算。

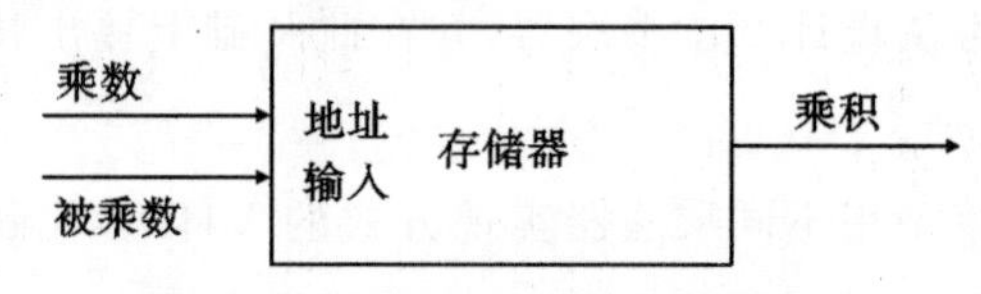

图 4-5　基于查找表的数字乘法器

从目前的技术发展来看，乘法器设计以位移相乘法和 Booth 算法居多。由于效率适中，同时实现较为简便，本次实验主要针对位移相乘法原理进行 FPGA 硬件乘法器设计。通过采用 VHDL 语言对二进制数值乘法进行原理描述，实现在 FPGA 器件上的 4 位乘法器设计，并利用 Quartus Ⅱ 对工程设计进行综合和仿真。通过 DE0-CV 开发板测试所设计的 4 位二进制乘法器的功能。

在实验中要求实现 4 位二进制数值乘法器，乘法器是实现两个二进制数相乘运算的基本单元电路，4 位乘法器就是实现两个 4 位二进制相乘，同时加上低位进位的运算电路。而 4 位乘法器分为带符号位的乘法器和无符号位的乘法器。

位移相乘法是常用的二进制数值相乘算法，基本原理和通常的笔算方式一样。乘数的最低位与被乘数相乘，第二位与被乘数相乘再左移一位，第三位与被乘数相乘再左移两位，第四位与被乘数相乘再左移三位。最后将这 4 个结果进行相加，其结果就是乘法的结果。处理无符号的二进制数值比较方便，如果是有符号的二进制数值相乘，则要将符号位分开，将负数转换成正数，再进行乘法运算，然后在无符号相乘的结果上再加上符号就得到最后结果。具体流程如图 4－6 所示。

				A_3	A_2	A_1	A_0
			×	B_3	B_2	B_1	B_0
				A_3B_0	A_2B_0	A_1B_0	A_0B_0
		+	A_3B_1	A_2B_1	A_1B_1	A_0B_1	
	+	A_3B_2	A_2B_2	A_1B_2	A_0B_2		
+	A_3B_3	A_2B_3	A_1B_3	A_0B_3			
P_7	P_6	A_5	A_4	P_3	P_2	P_1	P_0

图 4－6　位移相乘计算流程

利用位移相乘法实现 4 位二进制乘法器的关键是需要把乘数 Y 的每位与被乘数 X 相乘，然后根据乘数所在的位数进行位移补零，使得结果都变为 8 位二进制数以完成对齐，这样方便后续的相加操作。在整个过程中需要 4 个缓存变量用来存储每一个位相乘后左移的结果，最终的乘积结果是这 4 个中间缓存变量之和并进行输出，最高位为进位。

4.4　基于 FPGA 的拔河电路设计与实现

4.4.1　实验要求

利用 DE0－CV 开发板设计电子拔河电路，将按键作为用户输入，通过数码管与 LED 灯显示比赛状态及比赛成绩。比赛过程中，甲、乙双方按动己方按键，按键的按动次数分别在双方的数码管上加以显示，实验中采用开发板上的 LED 二极管表示双方比赛状态。

比赛开始时，由系统给出 5 s 的比赛时间，开发板上 10 个 LED 中间的两个点亮，然后甲、乙双方不停按动按键，每按动一下按键，点亮的两个 LED 向己方移动一格，在整个过程中点亮的 LED 将向按动按键次数更多的一方移动。

比赛终止有以下两个判断条件：

(1)比赛时间内，如果 LED 移动到最左边或者最右边，则判断相应方向的比赛者获得胜利并终止比赛；

(2)当比赛时间结束时，如果 LED 仍未能移动到最左边或者最右边，则根据双方计数器中的按键次数，判断按动按键次数更多的一方获得胜利。

一局比赛结束后，胜负局数计数器中对应胜利方的计数数值将更新并加一，同时胜利方一侧的 LED 灯将按照每秒一次的频率闪烁，持续时间为 10 s。每一局比赛在规定的时间(5 s 内)进行，超出时间后系统锁止，用户继续按动按键无效，按动的次数无法记录，此时将根据系统锁止时刻的双方按键次数进行胜负判断，并记录相应的胜负局数。在实验中利用开发板上的按键作为系统复位开关，只有在重新复位系统后，才可以重新开始比赛。复位系统时，双方用户的计数器中按键次数清零，但胜负局数记录保持。要求采用 VHDL 硬件描述语言完成整体系统设计，通过 Quartus Ⅱ 编译后下载到 DE0－CV 开发板中加以功能验证。

4.4.2 实验目的

与前面多次实验中所设计的组合逻辑电路不同，拔河游戏电路属于时序电路，在系统中需要加入时钟信号。本次实验作为综合性实验，目的在于使参与者掌握基于 FPGA 的时序电路设计特点，并对系统进行调试和分析。通过完成时序电路设计与分析的完整流程，对实验中出现的问题进行总结，并体会开发板中所提供的时钟资源的使用方法。

与前面安排的实验内容相比，拔河比赛电路所涉及的功能模块更多，代码量较大，因此也更加强调代码的顶层设计与组织管理，要求实验者采用层次化设计思路，从而增强代码的复用性，按照模块化进行设计，同时从便于扩展功能的角度，考虑整体方案设计，并不断加以细化实现。

在 DE0－CV 开发板中提供了 50 MHz 的时钟信号。由于一次拔河比赛时间设定为 5 s，所以需要在控制模块代码设计中利用这一时钟信号，提供维持时间为 5 s 的计数模块控制高电平，在此期间允许比赛者按动按键有效，而在此之后控制模块输出为低电平从而将计数器锁止，直到用户对系统进行复位操作，从而开始另一场比赛。当一局比赛结束后，胜利方一侧的 LED 按照 1 Hz 的频率闪烁并持续 10 s，该功能也需要通过利用时钟信号和计数器的设计来实现。

4.4.3 实验思考

根据对拔河电路的功能要求进行分析，设计代码可划分为 7 个主要模块，其系统结构如图 4－7 所示。

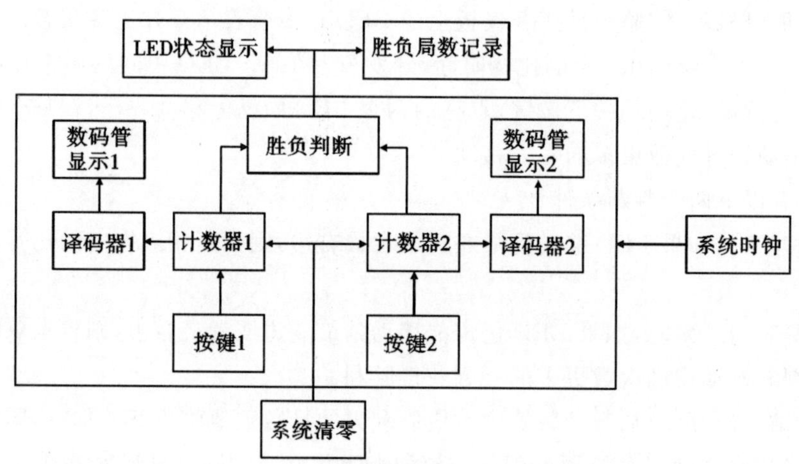

图 4－7　拔河电路基本功能模块

(1)按键输入模块，在 DE0－CV 开发板上分配 3 个按键：K1 为玩家 1 的按键，K2 为玩家 2 的按键，K3 为系统清零复位键。

(2)时钟分频电路：在基于 EDA 技术的数字电路系统设计中，分频电路应用十分广泛。常常使用分频电路来得到数字系统中各种不同频率的控制信号。所谓分频电路，就是将一个给定频率较高的数字输入信号经过适当处理后，产生一个或数个频率较低的数字输出信号。

(3)控制电路模块:对各种输入控制信号进行处理。如对拔河电路实现复位操作,并重新开启比赛进程。

(4)计数器电路模块:记录双方点击按键的次数,以及比赛胜负的局数。

(5)译码器电路模块:用来实现记录按键计数的二进制数值与数码管控制码之间的转换关系。

(6)时钟分频电路:通过对开发板上所提供的 50 MHz 时钟信号进行分频,控制输出 5 s 有效比赛信号,以及比赛结束后胜利方的 1 Hz 频率 LED 闪烁信号。

(7)数字比较器电路:比较比赛双方的按键次数计数器所记录的数值大小,并且输出判断结果,向胜负局数计数器进位,并且控制 LED 闪烁信号的输出。

第5章　综合实验部分

5.1　交通灯控制器

5.1.1　设计要求

设计一个交通灯控制器，用DE0－CV开发板上的LED灯表示交通信号控制状态，并且用7段数码管来显示交通灯在当前状态下的剩余时间，具体要求如下。

(1)当主干道的绿灯亮时，支干道红灯亮，反之亦然，二者交替变化从而允许主干道与支干道上面的车辆依次通行。交通信号灯显示变化的顺序是其中一个方向是绿灯、黄灯、红灯，而另一个方向是红灯、绿灯、黄灯。主干道每次放行30 s，支干道每次放行20 s。每次由绿灯变为红灯的过程中，使用黄灯点亮作为过渡标志，黄灯时间为5 s。

(2)通过数码管来实现主干道红绿灯的剩余秒数倒计时显示功能。

(3)能够通过按键实现系统的总体清零功能，此时系统将从初始状态重新开始计数，同时对应状态的指示灯亮。

(4)可以实现特殊状态的功能显示，在系统进入特殊状态时，按下手动开关，此时东西、南北路口均显示红灯状态从而禁止通行。

交通灯控制器的逻辑状态转换关系见表5－1。

表5－1　交通控制器的状态转换表

状 态	主干道	支干道	时 间/s
1	绿灯亮	红灯亮	30
2	黄灯亮	红灯亮	5
3	红灯亮	绿灯亮	20
4	红灯亮	黄灯亮	20

5.1.2　设计原理

采用VHDL语言设计整体系统。利用DE0－CV开发板上所提供的50 MHz晶振，通过分频模块进行分频从而得到频率为1 Hz的计时脉冲，作为定时模块、控制模块、紧急状态模块及计数显示模块的时钟信号。系统根据不同状态转换时的亮灯时长预置数，通过定时模块控制其他模块的状态,按照交通规则实现交通灯工作状态的转换。由系统时钟和控制模块共同控制计数器模块,将计数器控制模块输出的二进制数值传递给译码器后,利用7段数码管来显示各个交通方向上亮灯的持续时间倒计时时间,如图5-1和图5-2所示。

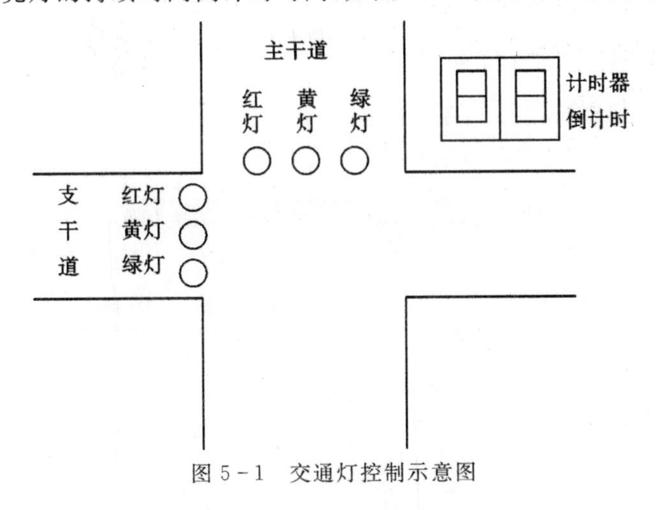

图5-1 交通灯控制示意图

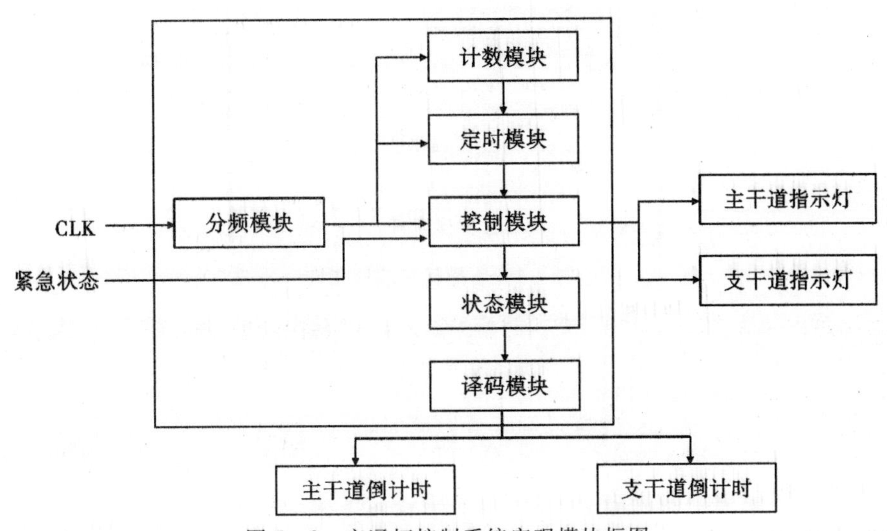

图5-2 交通灯控制系统实现模块框图

5.1.3 实验思考

交通灯控制电路的实验设计要点在于合理有序安排VHDL代码的组织结构。要求参加实验者在理解项目设计功能要求的同时,对代码结构进行正确规划与模块化组织,首先通过程序框图的方式明确各功能模块之间的逻辑关系,并且在对各功能模块分别进行测试与验证的基础上,实现交通灯控制电路的完整功能。在实验中将采用Quartus Ⅱ的波形仿真功能对系统设计进行验证,通过实验的开展掌握仿真波形设计,以及波形激励的设置方法,从而在实验过程中综合采用软件仿真与实物仿真相结合的验证手段达成系统设计任务。

波形仿真的基本思想是通过程序的方式设计仿真波形文件,将其作为FPGA系统的激励信号，并观察输出波形是否满足设计要求的软件仿真手段。下面以 Quartus Ⅱ的 9.1 版本为例，说明在 FPGA 设计中如何为加法器电路建立仿真波形以及进行系统激励设置的具体实施步骤。

(1)新建波形文件。执行【File\New ...】菜单命令，进入如图 5-3 所示的选择新建波形文件类型对话框，从中选择 Verification/Debugging Files 中的 Vector Waveform File(即建立矢量波形仿真文件)选项，点击【OK】按钮，将建立一个默认名称为 Waveform1.vwf 的仿真波形文件，通过执行【File\Save As ...】菜单命令，可以将其另存为 add1a.vwf 文件后，将出现如图 5-4 所示的 add1a.vwf 波形仿真编辑窗口。

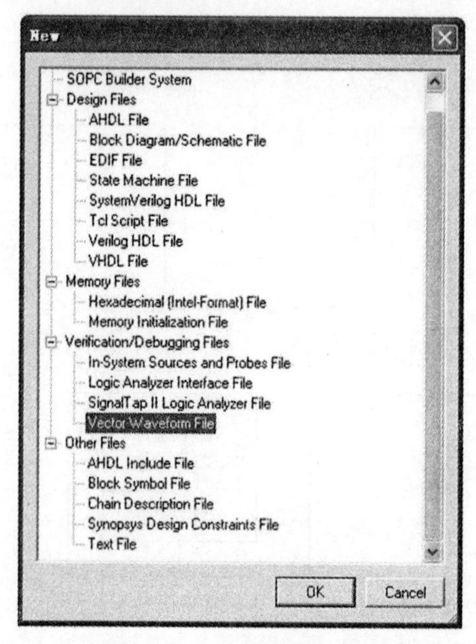

图 5-3　选择新建波形文件

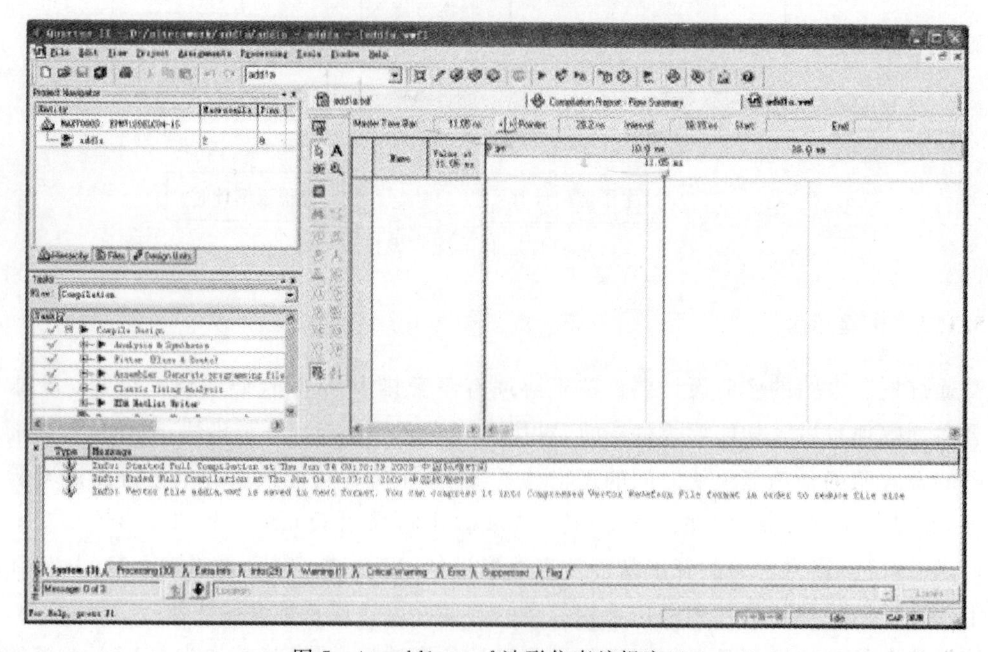

图 5-4　add1a.vwf 波形仿真编辑窗口

(2)添加仿真信号。在波形仿真编辑窗口中添加仿真信号有多种方法,由于仿真波形是针对 FPGA 器件的特定管脚作为激励条件的,所以需要查找在 VHDL 代码设计实体中所使用的输入管脚,此时可执行【Edit/Insert/Insert Node or Bus】菜单命令,进入如图 5-5 所示的仿真信号选择对话框。点击【Node Finder...】按钮,弹出如图 5-6 所示的仿真节点查找对话框。

点击【Flier】下拉菜单选取【Pins:all】(选择在 FPGA 工程设计中所使用到的全部管脚);点击【List】按钮显示找到的节点;点击【＞＞】按钮选择所有节点,将其添加到右侧的 Selected Nodes 选项框里面。在完成以上三步后,点击【OK】按钮,并再点击仿真信号选择对话框上的【OK】按钮。如图 5-7 所示,被选中的管脚仿真波形信号出现在仿真波形编辑窗口。用户根据仿真需要完成波形设计并选择保存波形数据,将弹出如图 5-8 所示的对话框,在确认保存路径与文件名后,点击【保存】按钮。

注意:波形文件的名称与所仿真的 VHDL 设计实体名称一定要保持一致。

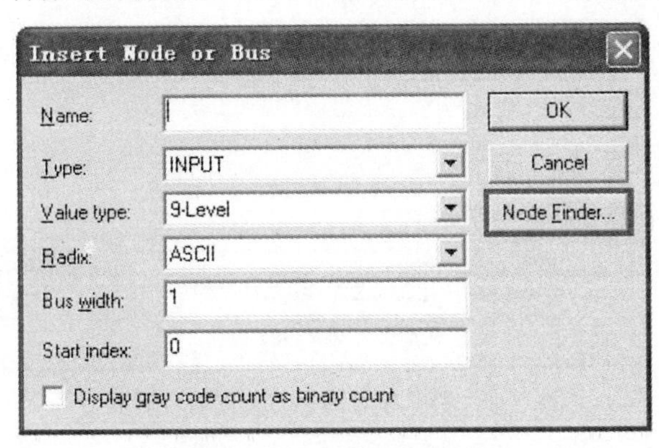

图 5-5　仿真信号选择对话框

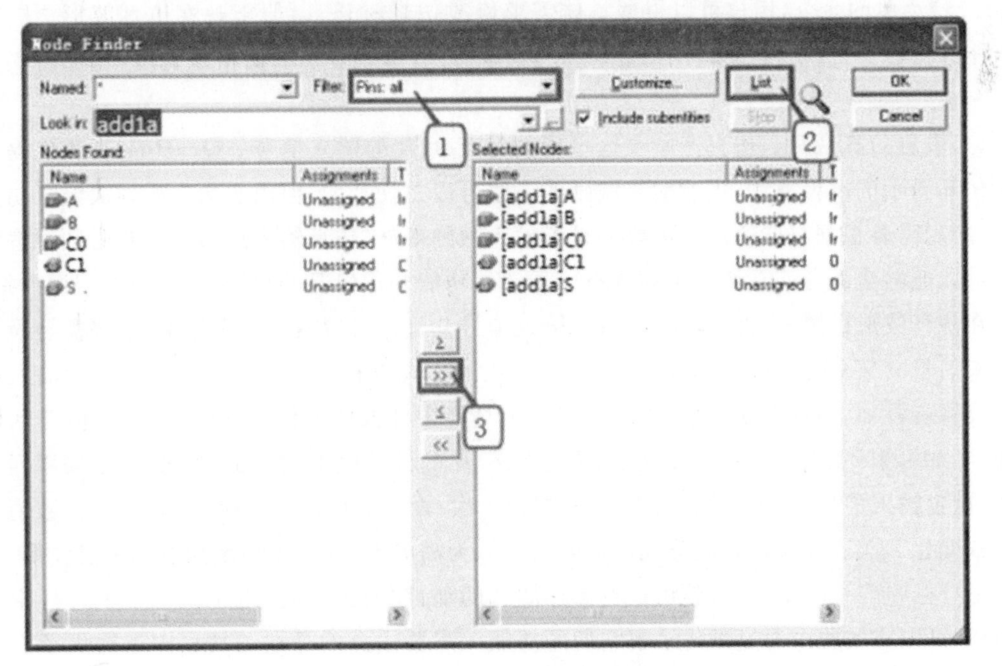

图 5-6　仿真节点查找对话框

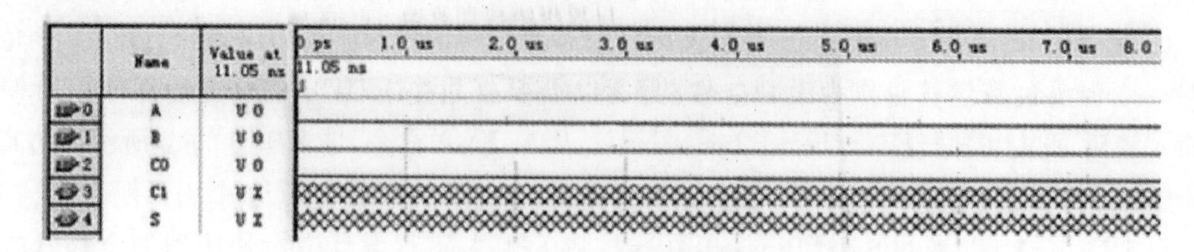

图 5-7　仿真波形编辑窗口

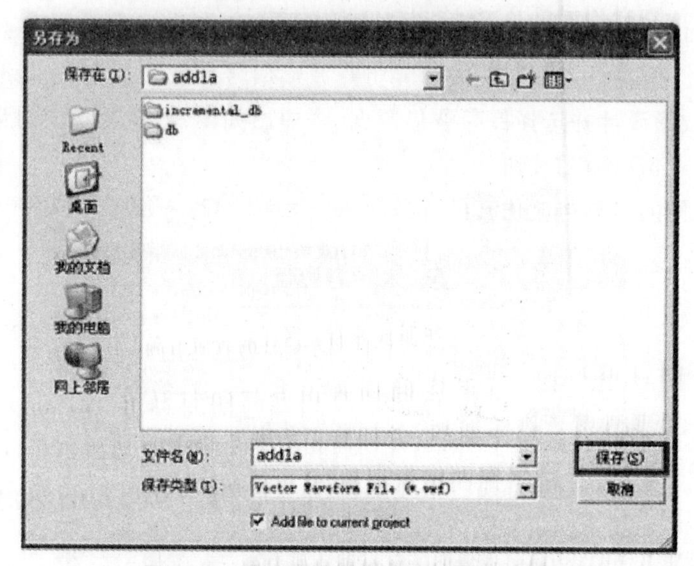

图 5-8　确认保存路径与文件名对话框

(3)设置仿真时间。Quartus Ⅱ软件的默认仿真时间为 1 μs，通过执行【Edit\End Time...】菜单的命令，用户可以根据具体需求修改仿真时长，以便于观察仿真波形。同时在软件中还可以通过执行【Edit\Grid Size...】菜单命令，修改显示的栅格线宽度，比如将其修改为 5 μs。

(4)设置仿真激励。仿真激励在这里指的是 FPGA 的输入信号。Quartus Ⅱ软件提供了多种仿真激励的设置方法，虽然输入激励的设置可以是任意的，但由于输入激励决定了仿真的输出，所以需要根据具体的设计需要来设置输入激励条件(仿真输入波形)，同时必须注意到波形设计以能够全面考察在输入不同状态下系统的功能变化情况，同时便于观测作为评价指标。

在仿真波形设置中，将依次选择每个输入信号并且进行编辑。在操作中，选择需要设置的信号或信号的某个时间区域，使用工具栏中提供的工具进行设置。对一位全加器的输入信号 A 的设置步骤如下：点击并激活信号 A，点击工具栏中计数值图标，在弹出的计数值对话框中选择【Timing】标签页，如图 5-9 所示，设置信号 A 的计数值每 1.0 μs 变化 1 次；采用同样的方法，设置输入信号 B 的计数值每 2.0 μs 变化 1 次；设置低位输入进位信号 C0 的计数值每隔 4.0 μs 变化 1 次。如果希望使输入波形的某一段为高电平，可以先用鼠标圈选某段波形，然后点击工具栏中的高电平图标，就可以将鼠标圈选的那部分设置为高电平。对于工具栏中的其他图标，可以在实验中通过操作了解它们的功能。需要注意的是在工具栏中也提供了设置时钟波形的工具。

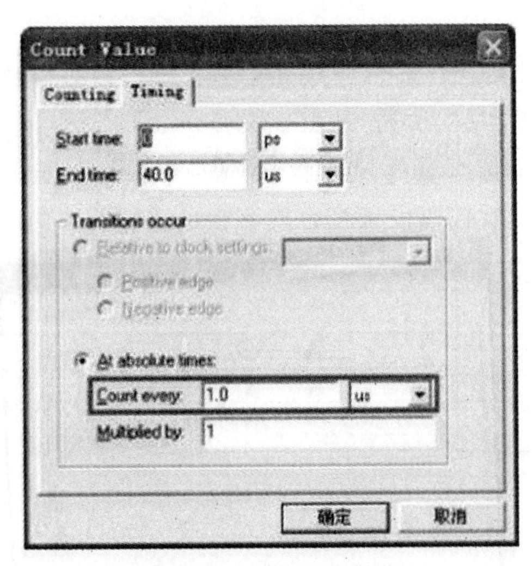

图5-9　设置仿真时间

(5)仿真设置。Quartus Ⅱ软件的仿真分为功能仿真和时序仿真两部分,其中功能仿真仅用于测试电路的逻辑功能,而时序仿真不仅可以测试逻辑功能,还能够用来检测电路中不同组件之间的时序对应关系,从而判断系统在输入条件发生变化的时刻,输出状态是否稳定并且符合设计要求,从而避免出现竞争和冒险现象。通过执行【Processing\Simulator Tools】菜单命令,显示如图5-10所示的仿真工具对话框,在仿真模式栏中可选择仿真模式。

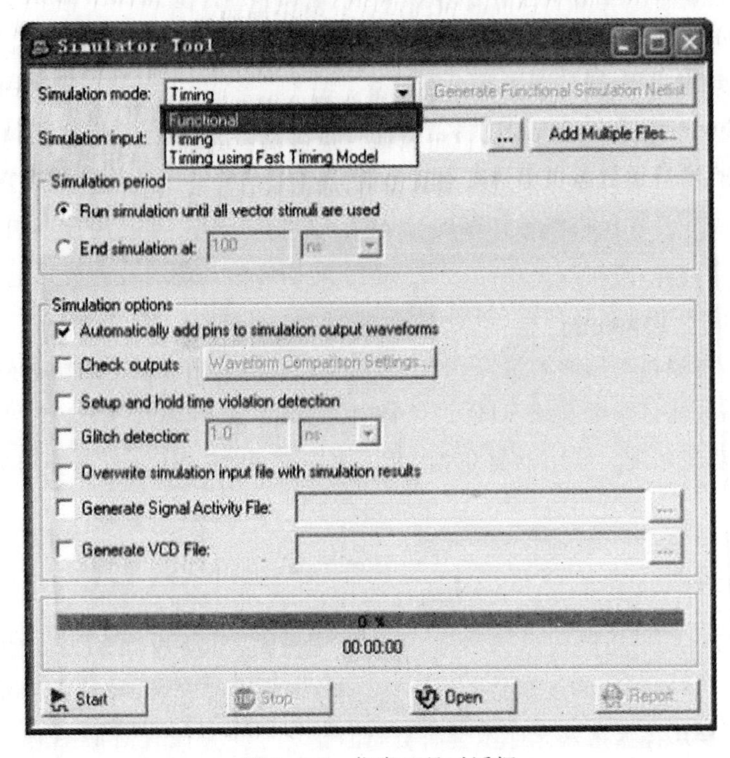

图5-10　仿真工具对话框

在此选择功能仿真,点击【Generate Functional Simulation Netlist】按钮,完成后在弹出的

对话框中点击【确定】按钮。

(6)启动仿真。在仿真工具对话框中点击【Start】按钮，然后在弹出的对话框中点击【确定】按钮。最后在仿真工具对话框中点击【Report】按钮，也可执行【Processing/start simulation】菜单命令。启动仿真进程。仿真完成后，出现如图5-11所示的仿真波形。通过仿真波形的输出结果可以查看代码设计是否能够满足系统设计功能要求。

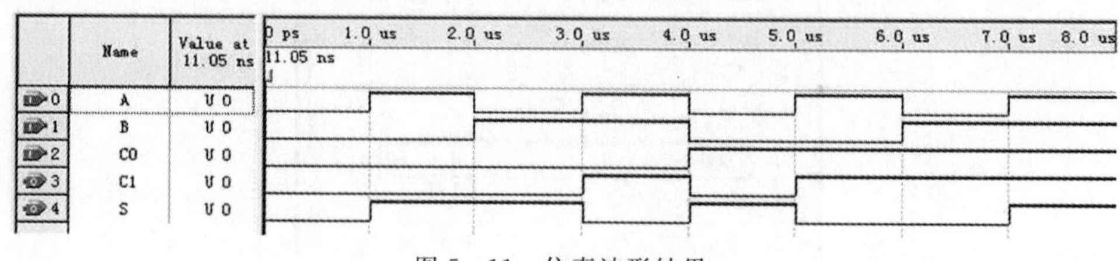

图5-11　仿真波形结果

5.2　基于压控振荡器的模拟电压测量电路

5.2.1　实验要求

(1)采用NE555定时器构建压控振荡器电路，分别利用数字万用表及频率计测量输入端模拟电压与对应的输出振荡频率，拟合并标定出NE555压控振荡电路的$v-f$(输入电压-输出频率)之间的转换关系。

(2)通过DE0-CV开发板设计频率测量电路，利用开发板上的扩展接口连接压控振荡器，根据拟合得出的$v-f$变换关系，编写相应的VHDL代码。当改变压控振荡器的输入端比较电压时，DE0-CV开发板将测量并得到与之对应的振荡频率，并利用前期拟合得到的$v-f$转换系数完成数学运算，将压控振荡器的振荡频率转换为输入端的待测模拟电压估计值，并在数码管上显示相应的十进制模拟电压估计量。

实验过程中，将通过万用表测量输入电压，以验证模拟电压测量电路中数码管显示的电压估计值是否准确，并通过调试系统VHDL代码中的拟合方式及拟合参数以获得在较宽量程范围内较高的电压测量精度。应用器材包括DE0-CV开发板、NE555、各类电阻、电容及杜邦线等。

5.2.2　实验目的

(1)掌握NE555定时电路的内部结构、常用工作模式，以及基于NE555的各类振荡电路分析与设计方法。了解压控振荡器的工作原理，能够调整系统参数，并对压控振荡器的输出频率进行估算，对改变压控振荡器元件参数而引起的频率变化规律有清晰认识。完成压控振荡器电路的搭建，并能够对电路调试中出现的问题进行分析并思考解决方案。

(2)熟悉DE0-CV开发板所提供的GPIO的技术特点及使用方法，能够完成FPGA开发板与外部电路的连接，以扩展系统功能。能够在实验中合理使用 GPIO 资源，对不同类型管脚的使用方法及相互区别有初步认识。

(3)利用 DE0 - CV 开发板上搭载的 50 MHz 晶振所提供的时钟信号产生宽度为 1 s 的时间基准，并根据该时间基准设计压控振荡器的频率测量电路。由于基于 NE555 的压控振荡器的输出频率会在一定范围内波动，所以建议采用多次平均的方式以测量频率并提高精度。

(4)通过调节滑动变阻器以获得压控振荡器的不同模拟输入电压，利用数字万用表测量该模拟电压，并采用 DE0 - CV 开发板测量振荡器的输出频率。采用图表及数学运算等方式确定压控振荡器输入电压与输出振荡频率之间的对应关系，拟合出曲线的变化规律，在实验过程中可以采用一次函数或者二次函数的方式进行拟合。采用一次函数方式可以在 $v-f$ 曲线的线性区间确定转换系数：$v=kf+b$；为增加曲线拟合的精度，实验者可以考虑采用分段线性的方法或者二次函数方法来进行，在拟合过程中可以采用 Matlab 软件来完成。

(5)设计 VHDL 程序，利用前期测量中经过标定得到的 $v-f$ 转换系数，在模拟电压测量过程中将测量得到的振荡器频率转换为模拟电压的估计值。完成模拟电压测量系统与实际 FPGA 芯片管脚之间的映射，将配置文件下载至开发板，利用数码管驱动代码将模拟电压采用十进制数值进行显示。在多个测试点上改变滑动变阻器的分压值，通过数字万用表来验证所设计的电压测量系统是否能够达到实验所要求的功能，对系统的电压测量精度进行测试并分析原因。

5.2.3　实验思考

在 DE0 - CV 开发板中提供了多种设计资源，包括 6 位 7 段数码管、10 个滑动开关、4 个按键，以及本次实验中将要使用的 2 组 40 针 GPIO 管脚扩展端，由于能够通过 GPIO 进行功能扩展，所以开发板可以与外部电路相互连接，从而实现更为多样化的功能。在实验前应认真阅读 DE0 - CV 开发板的使用手册，对不同的 GPIO 管脚类型及相应特点有清楚认识。在 GPIO 扩展插座上的每个管脚都与 2 个二极管及 1 个电阻相连，用来在过压及欠压时为 FPGA 器件提供保护。本书的后面章节也提供了 DE0 - CV 开发板的 2 个 40 针 GPIO 扩展端的管脚映射关系，供参加实验的同学在设计中参考。

在 DE0 - CV 开发板提供的 2 个 40 针的扩展插座中，每个扩展插座中均包括直接与 Cyclone V 系列 FPGA 管脚相连接的 36 个针脚，同时还包括了一个直流＋5 V(VCC5)、一个直流＋3.3 V(VCC3.3)及两个接地管脚。5 V 及 3.3 V 管脚总共可以输出 5 W 的功率。因此，实验者可以合理利用这些管脚以简化应用系统开发，同时在利用扩展插座所提供的直流电源进行电路设计时，必须注意输出功率不可以超出限制条件。在本次实验中的设计还需要对前期实验中所设计的代码进行合理复用，通过对不同功能模块进行封装的方式利用完成工程设计的层次化。

555 芯片可以作为电路中的延时器件、触发器或起振元件，广泛应用于定时器、脉冲产生器和振荡器等电路的设计中。555 定时器于 1971 年由西格尼蒂克公司推出，由于其易用性、低廉的价格和良好的可靠性，所以直至今日仍被广泛使用。目前许多厂家都生产555芯片，包括采用双极型晶体管的传统型号和采用CMOS设计的版本。555被认为是当前年产量最高的芯片之一，仅2003年就有约10亿枚的产量。

555定时器由Hans R. Camenzind于1971年为西格尼蒂克公司设计。不同的制造商生产的555芯片有不同的结构，标准的555芯片集成有25个晶体管、2个二极管和15个电阻，并通过8个引脚引出(DIP-8封装)。555的派生型号包括556(集成了两个555的DIP-14芯片)、558和559等型号，555定时器内部结构如图5-12所示。

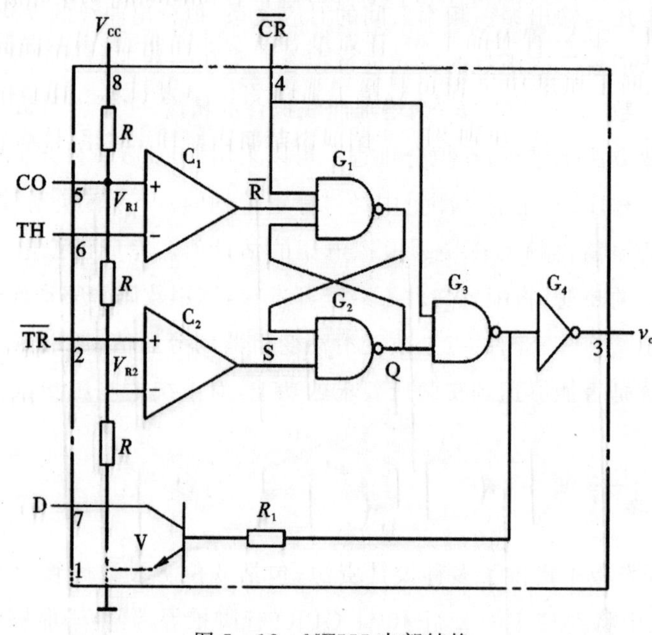

图5-12 NE555内部结构

NE555的工作温度范围为0～70℃，军用级SE555的工作温度范围为－55～＋125℃。555的封装分为高可靠性的金属封装(用T表示)和低成本的环氧树脂封装(用V表示)，因此555的完整标号为NE555V、NE555T、SE555V和SE555T。一般认为555芯片名字的来源是其中的3枚5 kΩ电阻。此外555还有低功耗的版本，包括7555和使用CMOS电路的TLC555。7555的功耗比标准的555低。

555定时器可工作在以下3种工作模式下。

(1)单稳态模式。如图5-13(a)所示，在此模式下，555被设置为单次触发功能。应用范围包括定时器、脉冲丢失检测、反弹跳开关、轻触开关、分频器、电容测量和脉冲宽度调制(PWM)等。在单稳态工作模式下，555定时器作为单次触发脉冲发生器工作。当触发输入电压降至V_{CC}的1/3时开始输出脉冲。输出的脉宽取决于由定时电阻与电容组成的RC网络的时间常数。当电容电压升至V_{CC}的2/3时输出脉冲停止。因此使用者可根据实际需要通过改变RC网络的时间常数来调节输出脉宽，555定时器单稳电路连接关系如图5-13(b)所示。

输出脉宽 t_w，即电容电压充至 V_{CC} 的 2/3 所需要的时间由下式给出：

$$t_w = RC\ln 3 \approx 1.1RC$$

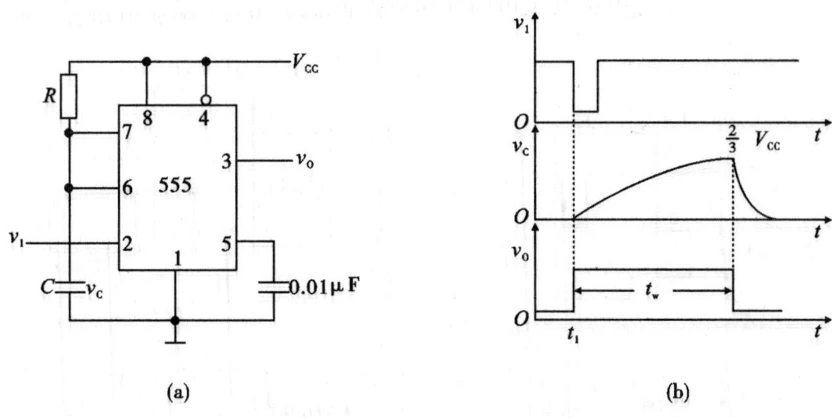

图 5-13　NE555 单稳态电路

(a)电路；(b)输入/输出波形

(2)无稳态模式。如图 5-14(a)所示，在此模式下，555 以振荡器的方式工作。这一工作模式下的 555 芯片常被用于频闪灯、脉冲发生器、逻辑电路时钟、音调发生器和脉冲位置调制(PPM)等电路中。如果使用热敏电阻作为定时电阻，555 可构成温度传感器，其输出信号的频率由温度决定。

无稳态工作模式下 555 定时器可输出连续的特定频率的方波。电阻 R_1 接在 V_{CC} 与放电引脚(引脚 7)之间，另一个电阻(R_2)接在引脚 7 与触发引脚(引脚 2)之间，引脚 2 与阈值引脚(引脚 6)短接。工作时电容通过 R_1 与 R_2 充电至 $2/3V_{CC}$，然后输出电压翻转，电容通过 R_2 放电至 $1/3V_{CC}$，之后电容重新充电，输出电压再次翻转，如图 5-14(b)所示。

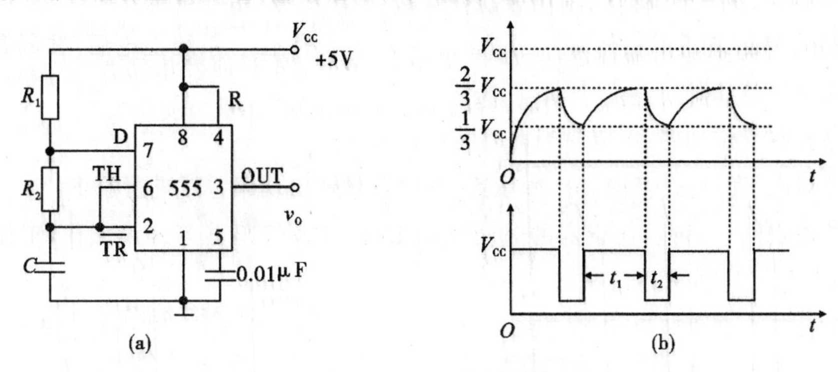

图 5-14　NE555 多谐振荡器电路

(a)电路；(b)输入/输出波形

(3)双稳态模式(或称施密特触发器模式)。在 DIS 引脚空置且不外接电容的情况下，555 的工作方式类似于一个 RS 触发器，可用于构成锁存开关。

双稳态工作模式下的 555 芯片类似基本 RS 触发器。在这一模式下，触发引脚(引脚 2)和复位引脚(引脚 4)通过上拉电阻接至高电平，阈值引脚(引脚 6)被直接接地，控制引脚(引脚

5)通过小电容(0.01～0.1 μF)接地,放电引脚(引脚 7)浮空。因此,当引脚 2 输入高(有误应为低)电压时输出置位,当引脚 4 接地时输出复位。

实验中需要使用的压控振荡器连接方式如图 5-15 所示。

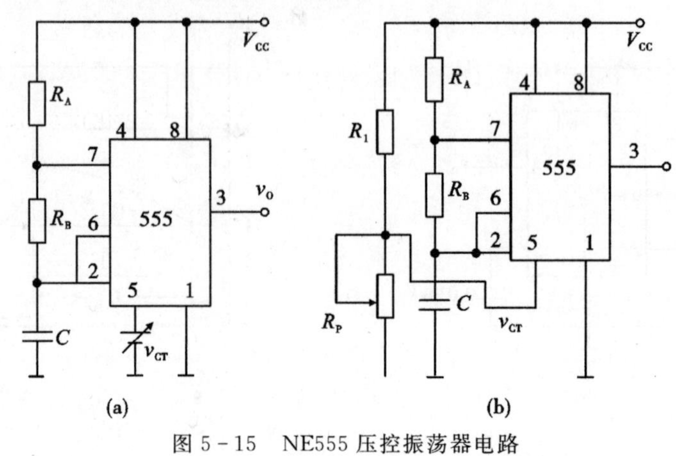

图 5-15　NE555 压控振荡器电路

5.3　基于 FPGA 的数字时钟设计应用

5.3.1　实验要求

采用 VHDL 语言在 QuartusⅡ开发环境下设计开发多功能数字钟,显示满刻度为 23-59-59,数字时钟具有计时、校时和报时等功能,具体要求如下。

(1)能够对秒、分、小时进行正常计时,每日按 24 h 计时制。采用 6 个 7 段数码管进行显示,分别显示时十位、时个位、分十位、分个位、秒十位、秒个位。系统上电后,数码管显示 00-00-00,并开始每秒计时。

(2)电路具有复位功能,可以对当前时间进行清零。

(3)能够对电子时钟进行时、分、秒设置,方便在时钟出现误差时进行校正。

(4)能够设定电子闹钟,在指定的时间驱动 LED 灯及蜂鸣器等外设工作,工作时间持续 30 s,以引起使用者的注意。

(5)电子钟具有溢出警报功能,当小时数超过 24 h,用一个 LED 灯进行溢出警报说明,然后从 00-00-00 开始重新计时。

(6)扩展功能:具有整点报时的功能,即每逢 59 min 51 s、52 s、53 s、54 s、55 s 直到 59 s,10 个 LED 灯依次点亮,整点时 LED 灯全部点亮,形成倒计时流水灯报时。

5.3.2　实验目的

本次实验作为综合性实验,目的在于使参与者掌握基于 FPGA 的时序电路设计方法与特点，并对系统进行调试和分析。通过完成时序电路设计与分析的完整流程，对实验中出现的问题进行总结，并体会开发板中所提供的时钟资源的使用方法。

相比前面的实验内容，数字时钟电路所涉及的功能模块更多，代码量也较大。也由于综合程度较高，在设计中需要有效地复用前几次实验中所设计的 VHDL 代码。参加实验者在系统方案设计过程中，应认真总结并对功能模块中具有通用性的部分不断加以提炼，因此本次实验更加强调代码的顶层设计与良好的组织管理，要求实验者采用层次化设计思路，按照模块化进行设计，同时从便于扩展功能的角度，考虑整体方案设计，并不断加以细化和实现。

在 DE0－CV 开发板中，提供了由石英晶体振荡器输出的 50 MHz 时钟信号作为基准，在系统设计中应按照实际需要设计相应的分频电路及计数器电路。在实验中基于 FPGA 的数字钟设计方案有两种方式，既可以采用混合设计方法，用 VHDL 设计底层模块，采用原理图设计顶层系统；也可以全部采用 VHDL 语言设计整个系统，实验者根据自己对系统功能的理解，考虑并决定具体采用何种方式。

5.3.3　实验思考

数字钟是一个对标准频率(1 Hz)进行计数的计数电路。由于计数的起始时间不可能与标准时间(如北京时间)一致，故需要在电路上加入校时电路，同时用于计时的标准 1 Hz 时间信号必须做到准确稳定，因此需要使用 DE0－CV 开发板上 50 MHz 石英晶体振荡器电路的输出作为时间基准信号，然后经过分频器输出标准秒脉冲。秒计数器满 60 后向分计数器进位，分计数器满 60 后向小时计数器进位，小时计数器按照“24 翻 1”规律计数。计数满后各计数器清零，重新计数。计数器的输出分别经译码器送数码管显示。当计时出现误差时，可以用校时电路校时、校分。校时控制信号由 FPGA 开发板上面的滑动开关和按键提供，译码显示电路由 7 段译码器配合开发板上的共阴极数码管完成，数字时钟逻辑判断流程如图 5－16 所示。

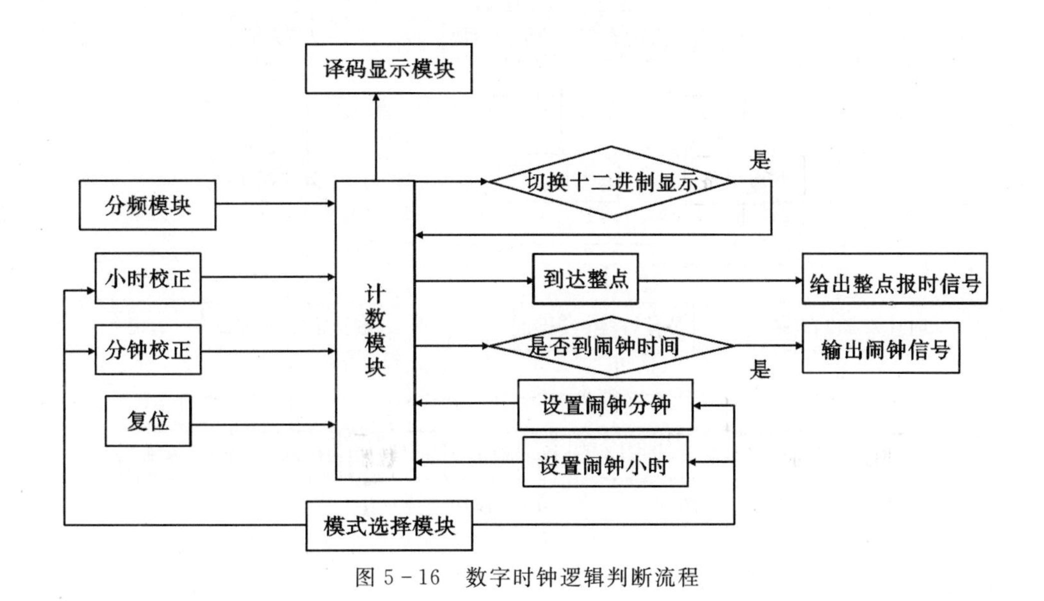

图 5－16　数字时钟逻辑判断流程

当数字钟走时出现偏差的时候，需要通过滑动开关给出控制信号以进入设置工作模式，在设置模式下，可以依次设置时钟的小时和分钟。被设置数字按照 1 s 速率闪烁，表明正处于设置状态。

显示电路用 DE0－CV 开发板上面的 6 个数码管完成时、分、秒显示（时、分、秒各两位）。在显示电路设计中可以选择采用动态驱动或者静态驱动两种方式提供数码管的控制信号。其中动态驱动是指通过轮流切换的工作方式，采用同一个 I/O 端口来驱动所有数码管。在轮流显示过程中，每位数码管的点亮时间为 1～2 ms，由于人的视觉暂留现象及发光二极管的余辉效应，尽管实际上各位数码管并非同时点亮，但只要扫描的速度足够快，给人的印象就是一组稳定的显示数据，不会有闪烁感。动态驱动方式的电路结构较为简单，但由于是依次驱动每一个数码管，在任意时刻只有一个数码管处于点亮状态，所以当系统中数码管数量较多的时候亮度受到限制。而静态驱动是指每个数码管都由一个独立的 I/O 端口进行驱动，其优点是编程简单，显示亮度高；缺点是占用 I/O 端口的数量较多，但是由于 FPGA 芯片内部有足够的硬件资源，所以在数字时钟的设计中可以自由选择采用静态驱动或动态驱动的方式进行显示。

在系统实现中，采用自顶向下的层次化设计方法进行设计，为使数字时钟工作在不同模式下，采用状态选择信号（使用 DE0－CV 开发板上的滑动开关提供一个 3 位二进制表示功能选择：000 正常运行，001 设置秒，010 设置分，011 设置时，100 显示闹铃信息，101 设置闹铃信息）；同时在时钟电路中还包括复位开关、闹铃开关（配合状态选择信号进行闹铃设置）、1 Hz 的计时时钟信号；输出为时、分、秒数字显示（使用开发板上面的 6 个共阴极 7 段数码管作为显示输出），闹钟蜂鸣，溢出信号。系统由状态选择模块，时、分、秒计时与校时模块，时间显示及闹铃等模块组成，如图 5－17 所示。

核心模块的逻辑判断流程设计，如图 5－18 所示。

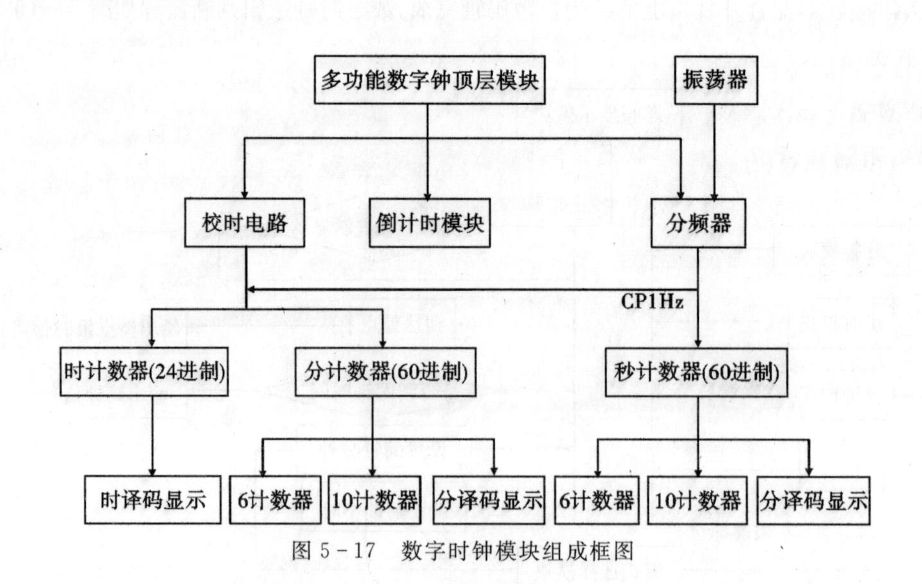

图 5－17　数字时钟模块组成框图

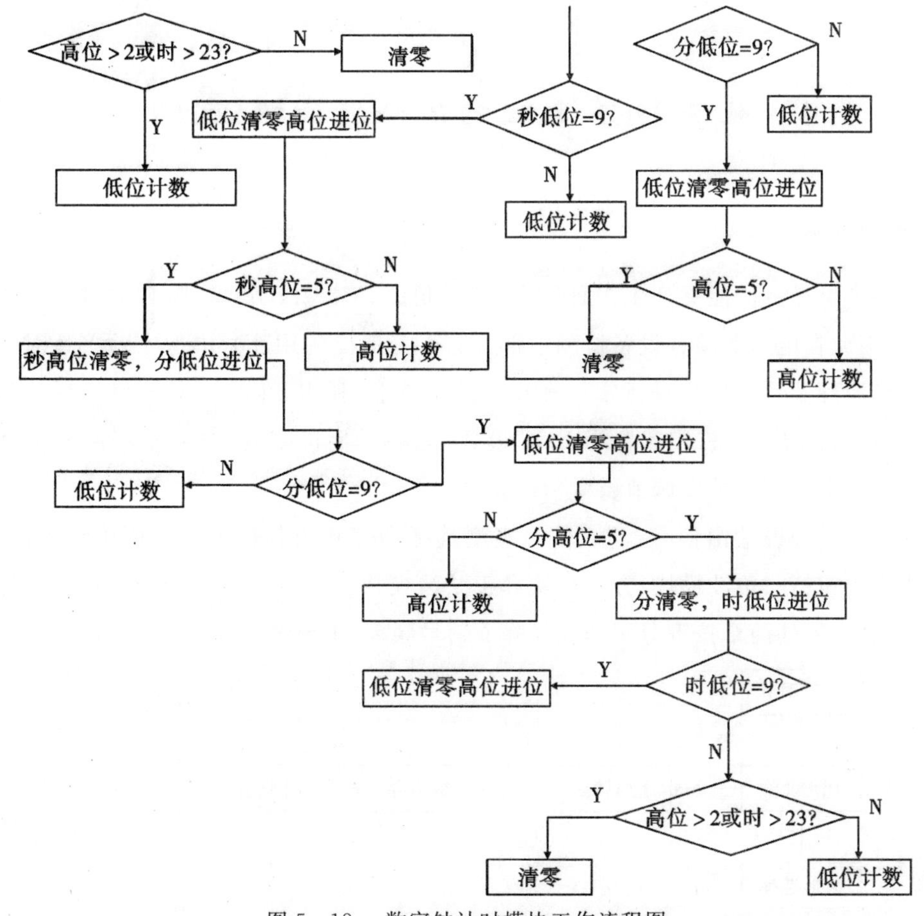

图 5－18　数字钟计时模块工作流程图

(1)计时校时模块。设计该模块用于时、分、秒的计时校时，根据状态选择模块传输过来的控制指令分别进行计时和校时。时、分、秒计时与校时模块是一样的，只是分秒的进位为 60，而小时的进位为 24。可以在 VHLD 代码的实体声明中使用 GENERIC 定义一个变量 Num，该值用来设置计数器的进制为 60 或者 24，通过修改 Num 值就可以完成分、秒计时模块到小时计时模块的转换。

(2)显示、闹铃模块设计。本模块是数字钟系统中的输出模块，用于输出 LED 数字显示和闹铃，从计时校时模块输出的秒低位、秒高位、分低位、分高位、时低位、时高位信号，当状态选择模块输出的闹铃显示信号为低电平时正常显示时间；当闹铃显示信号为高电平时，在 LED 数码管上显示闹钟时间；当前时间与系统中保存的闹铃时间相同时，LED 闪烁并输出占空比为 50％的 50 Hz 方波，时间持续 30 s。

(3)数字钟电路系统由主体电路和扩展电路两大部分所组成，电子时钟的扩展部分为倒计时流水灯显示。通过在 VHDL 代码中设置时间比较条件，在接近整点时输出 LED 控制码，以完成倒计时流水灯的功能。

(4)复位功能，将时钟的时、分、秒计时清零。

5.4 基于 DDS 原理的信号发生器设计

5.4.1 实验要求

函数信号发生器是一种能够产生多种波形,如三角波、锯齿波、矩形波(含方波)、正弦波等波形的电路,因此在电路实验和设备检测中都具有十分广泛的用途。本次实验将在对函数信号发生器工作原理及系统构成进行掌握和理解的基础上,利用 DE0 - CV 开发板设计简易信号发生器。通过将 FPGA 芯片配置为 DDS 模式,能够产生正弦波、方波及锯齿波 3 种波形。同时信号的频率与幅度可以调节。

信号发生器的系统设计由信号产生、信号类型选择和信号控制输出三大模块组合而成。其中信号产生模块包括三角波模块、方波模块和正弦波模块。采用 3 个滑动开关作为信号类型选择开关,并利用另外两个按键分别增加和降低信号频率,系统组成如图 5 - 19 所示。

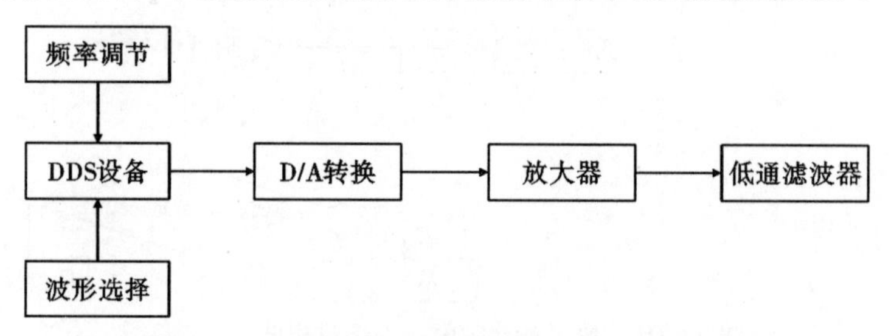

图 5 - 19 基于 DDS 原理的信号发生器结构框图

应用器材包括 DE0 - CV 开发板、DAC0832 数模转换器、集成四运放 LM324、各类电阻及杜邦线等。

5.4.2 实验目的

(1)掌握 DDS 器件的工作原理,能够根据数模转换芯片 DAC0832 的技术指标确定系统设计方案,并计算系统的性能参数。掌握基于 FPGA 的相位累加器设计方法,以及如何将 FPGA 片内资源配置为存储信号整周期采样数值的片内 ROM。在实验过程中学习如何合理分配系统各组成部分指标,确定相位累加器的位数,以及信号的频率调节精度。通过理论推导,估计信号发生器能够输出的频率范围和频率分辨率等参数,并掌握利用运算放大器的低通滤波器设计方法。

(2)熟练掌握 DE0 - CV 开发板上面提供的两个 40 针 GPIO 的扩展使用方法,将 FPGA 在系统时钟驱动下产生的信号二进制采样数值送入 DAC0832 芯片中,并在阅读 DAC0832 技术手册的基础上选择适合的器件工作模式,通过 FPGA 向数模转换芯片提供相应的控制信号，完成数值锁存及数模转换操作。

(3)掌握基于运算放大器的有源滤波器设计方法，在信号发生器系统设计中，综合考虑DAC0832的转换速度及DE0-CV开发板性能，确定滤波器的技术指标，采用LM324集成4运放芯片实现低通滤波，从而通过信号发生器的设计实验实现数字系统与模拟电路的有机结合。要求学生在设计过程中，提高系统设计的分析能力，并进一步熟悉数字与模拟系统的联合调试方法，对利用FPGA产生时序控制信号，实现较为复杂的时序电路中所涉及的问题有较为深入了解。

5.4.3　实验思考

本次实验的目的在于使学生能够了解DDS器件工作原理并掌握其基本应用方法。随着数字技术在仪器仪表和通信系统中的广泛使用，直接数字频率合成(Direct Digital Synthesizer，DDS)技术也应运而生。DDS是从相位概念出发直接合成所需波形的一种频率合成技术，通过控制相位的变化速度，直接产生各种不同频率、不同波形信号的一种频率合成方法。

DDS技术最早由Joseph Tiereny等3人提出，采用DDS技术的器件具有输出频率分辨率高、功耗低、频率切换速度快且频率切换时输出信号的相位连续的特点，目前DDS模块在数字信号处理及其硬件实现方面发挥着重要作用。采用DDS技术的信号发生器基本架构如图5-20所示。该简化模型采用一个稳定时钟来驱动存储正弦波(或其他任意波形)一个或多个整数周期的可编程只读存储器(PROM)。

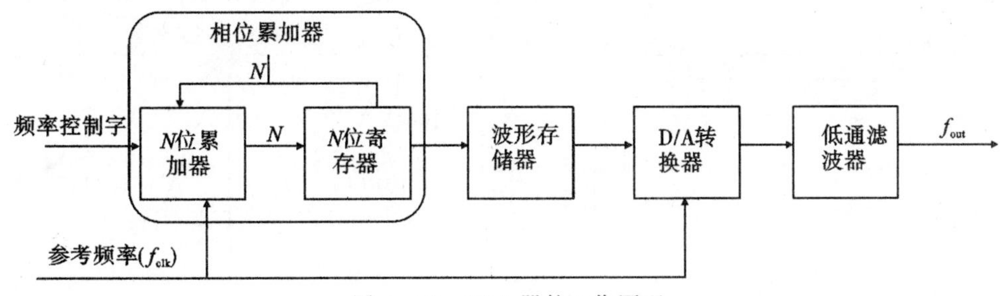

图 5-20　DDS器件工作原理

DDS器件产生信号的原理建立在采样定理基础上，以产生正弦波形为例，首先对需要产生的波形进行采样，将信号采样值数字化后存入存储器以建立查找表，然后通过查表的方式读取数据。DDS器件是一种全数字化的频率合成器，由相位累加器、波形ROM、D/A转换器和低通滤波器等部分构成。当时钟频率给定后，输出信号的频率取决于频率控制字，频率分辨率取决于累加器位数，相位分辨率取决于ROM的地址线位数，而幅度量化噪声取决于ROM的数据位字长和D/A转换器位数。

DDS系统的核心是相位累加器，其内容会在每个时钟周期进行更新。相位累加器每次更新时，频率控制字就会累加至相位寄存器中。假设频率控制字为1，相位累加器中的初始内容为0。相位累加器每个时钟周期都会按1进行累加。如果累加器为32位宽，则在相位累加器溢出并返回至 0 前需要 2^{32} 个时钟周期，这一过程会不断重复。

相位累加器由 N 位加法器与 N 位累加寄存器级联构成，其原理如图 5-20 所示。每来一个时钟脉冲 f_{clk}，N 位加法器将相位控制数据 K 与累加寄存器输出的累加相位数据相加，把相加后的结果 Y 送至累加寄存器的输入端。累加寄存器一方面将在上一时钟周期作用后所产生的新的相位数据反馈到加法器的输入端，以使加法器在下一时钟的作用下继续与相位控制数据 K 相加；另一方面利用相位累加后的结果形成正弦查询表的地址，从而将存储在波形存储器内的波形抽样值（二进制编码）经查找表查出，完成相位到幅值的转换。波形存储器的输出送到 D/A 转换器，D/A 转换器将数字量化形式的二进制波形幅值转换成所要求合成频率的模拟信号。

在产生正弦波的过程中，相位累加器的输出截断后用作正弦（或余弦）查找表的地址。查找表中的每个地址均对应正弦波从 0°～360°之间的一个相位点。查找表包括一个完整正弦波周期的相应数字幅度信息。因此，查找表可将相位累加器的相位信息映射至数字化的信号幅度字，进而驱动 DAC。随着地址计数器逐步读取每个存储器地址，各地址对应的信号数字幅度会输出到 DAC，进而产生连续的模拟输出信号。图 5-21 用图形化的“相位轮”显示这一相位与幅度之间的对应关系。

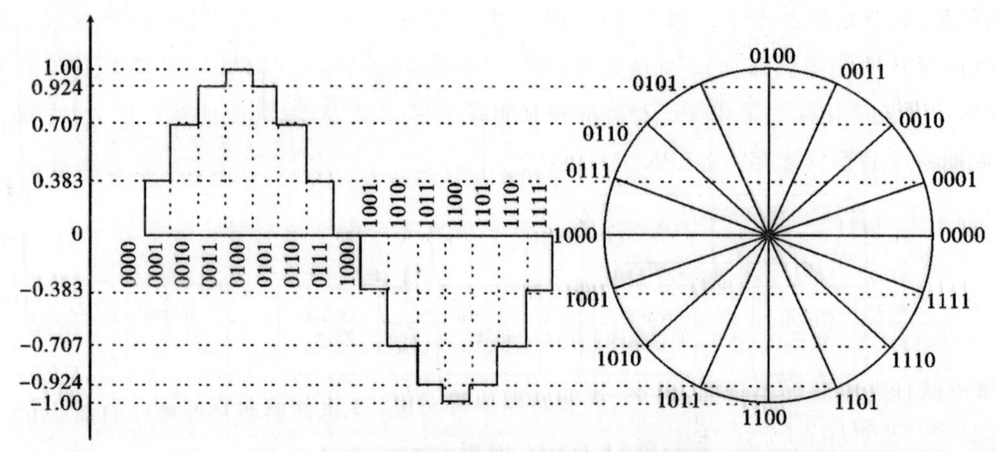

图 5-21 正弦波中相位与幅度之间的对应关系

如果 DDS 器件的驱动时钟频率为 F，相位累加器宽度为 N 位，而每次时钟到达时刻频率控制字（相位步进值）为 M。相位累加器会逐次增加 M，直至超过 2^N 从而溢出并重新开始。相应的可以计算得到输出正弦波频率为

$$f_{out} = (FM)/2^N$$

若频率控制字从 M 增加为原来的 k 倍，从而变成 $M' = kM$，相位累加器寄存器就会以 k 倍的速度“滚动”计算，输出信号频率也会相应地增加为原来的 k 倍，从而变为

$$f_{out}' = (kFM)/2^N$$

同样可以计算得到输出信号的频率分辨率（频率变化的最小单位）为

$$\Delta f = F/2^N$$

因此从上两式可以看出，在时钟频率与相位累加器的位数给定时，信号最终的输出频率主要由频率控制字决定。因此当频率控制字发生变化时，信号发生器的输出频率也跟着变化，从而可以实现信号调节频率的功能。由于DDS是一种采样数据系统，所以必须考虑所有与采样相关的问题，包括量化噪声、混叠和滤波等。

关于累加器得到的相位是如何去寻址存储波形幅度数据的ROM的问题，对于N位的相位累加器对应2^N数量的相位累加值，如果正弦ROM中存储的点数也是2^N的话，对存储容量和芯片资源的要求就比较高了。实际上在寻址正弦ROM表时，用的是相位累加值的高位数据，也就是说并不是每个时钟都从正弦ROM表中取出一个新的数值，而有可能是多个时钟获取到的是同一个信号采样值，这样能保证多相位累加器溢出时，从正弦ROM表中取出正好一个正弦周期的样点。同时采用DDS器件也可以十分便捷地生成各种调制类型的信号，如图5-22所示。

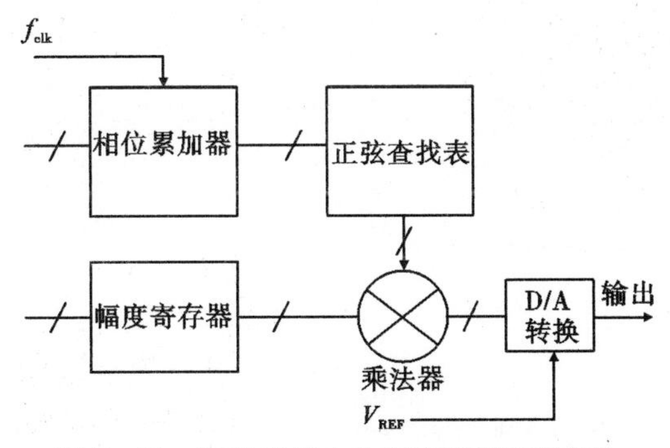

图5-22 DDS系统中的幅度调制实现方法

根据其结构特点，利用DDS器件可以有效地实现以下功能。

(1)实时模拟仿真的高精密信号。在DDS的波形存储器中存入正弦波形及方波、三角波和锯齿波等不同类型的波形数据，然后通过手控或计算机编程等方式对这些数据进行控制，可以便捷地改变输出信号的波形。利用DDS所具有的快速频率转换、连续相位变换、精确的步进调节的特点，将其与模拟电路相结合就构成可以精确模拟仿真各种信号的电子设备，这是其他频率合成方法所无法比拟的独特优点。例如DDS器件可以模拟各种神经脉冲波形，重现由数字存储示波器(DSO)捕获的波形等任意类型的复杂信号。

(2)实现各种复杂方式的信号调制。DDS也是一种理想的调制器，因为合成信号的三个参量——频率、相位和幅度均可由数字信号精确控制，所以DDS可以通过预置相位累加器的初始值来精确地控制合成信号的相位，从而达到调制的目的。现代通信技术中的调制方式越来越多，BPSK、QPSK和MSK都需要对载波进行精确的相位控制。而DDS的合成信号的相位精度由相位累加器的位数决定。一个32位的相位累加器可产生43亿个离散的相位电平，而相位精度可控制在0.008°的范围内，因此，在转换频率时，只要通过预置相位累加器的初始值，即可精确地控制合成信号的相位，很容易实现各种数字调制方式。

(3)实现频率精调，作为理想的频率源。DDS能有效地实现频率精调，它可以在许多锁相环(PLL)设计中代替多重环路。在一个 PLL 中保持适当的分频比关系,可以将 DDS 的高频率分辨率及快速转换时间特性与锁相环路的输出频率高、寄生噪声和杂波低的特点有机地结合起来,从而实现更为理想的 DDS+PLL 混合式频率合成技术。

5.4.4 利用 DDS 原理的信号发生器相关知识

1. 采用 FPGA 实现 ROM 的基本步骤

(1)建立 MIF 文件(Memory Initialization File)。

1)MIF 文件是在编译和仿真过程中作为存储器(ROM 或 RAM)初始化配置的输入文件。在 Quartus Ⅱ 的菜单中选择【File】→【New】→【Memory Initialization File】,如图 5-23 所示。

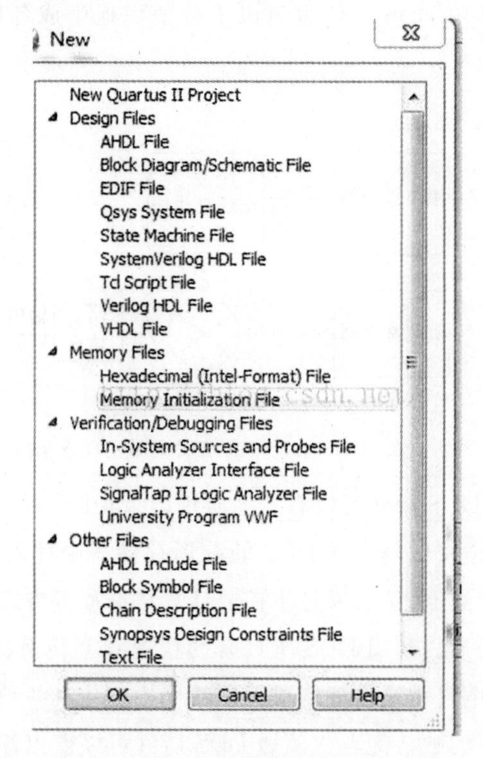

图 5-23 通过 IDE 的菜单栏选择 ROM 初始化文件

2)选择 ROM 字位宽和字数并进行设置,如图 5-24 所示。

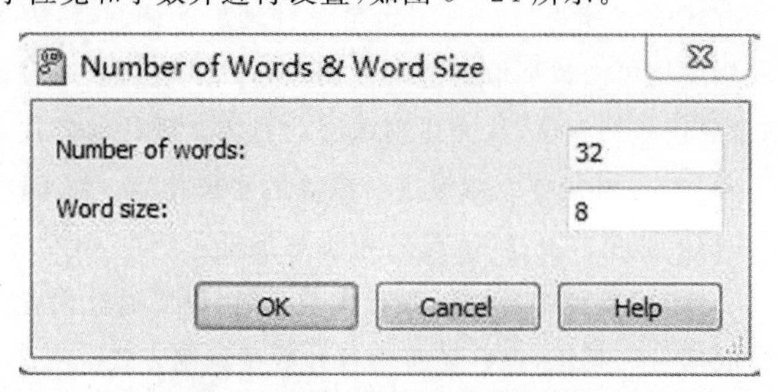

图 5-24 设置 ROM 位宽与字数

3）编辑 ROM 中每个地址上要存储的数值，如图 5－25 所示。

Addr	+0	+1	+2	+3	+4	+5	+6	+7	ASCII
0	1	2	3	4	0	0	0	0	....
8	0	0	0	0	5	0	0	0	....
16	0	0	0	0	7	0	0	0	....
24	0	0	0	0	0	0	0	0	....

图 5－25　编辑 ROM 内部数据

4）MIF 文件也可以直接用记事本编辑数据，然后另存为．mif 文件来创建（在设计工程文件夹下），同时也可以用记事本打开 MIF 文件并修改。

打开一个已经存在的 MIF 文件，可以看到其中的参数 ADDRESS_RADIX＝UNS；％设置地址基值（实际就是地址用什么进制的数表示），可以设为 BIN（二进制）、OCT（八进制）、DEC（十进制）和 HEX（十六进制），UNS 为无符号数，如图 5－26 所示。

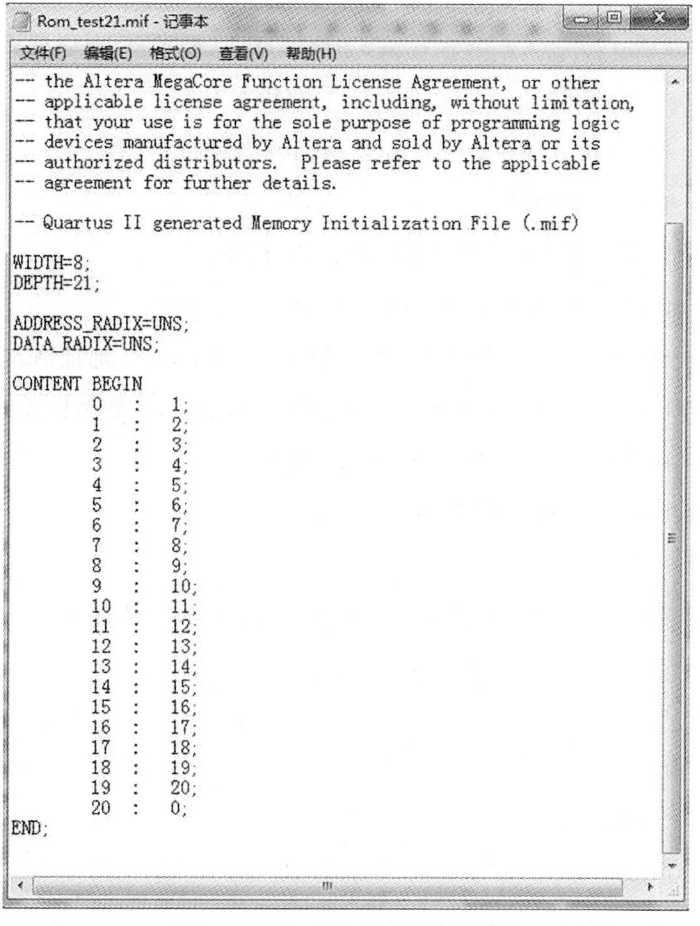


```
-- the Altera MegaCore Function License Agreement, or other
-- applicable license agreement, including, without limitation,
-- that your use is for the sole purpose of programming logic
-- devices manufactured by Altera and sold by Altera or its
-- authorized distributors.  Please refer to the applicable
-- agreement for further details.

-- Quartus II generated Memory Initialization File (.mif)

WIDTH=8;
DEPTH=21;

ADDRESS_RADIX=UNS;
DATA_RADIX=UNS;

CONTENT BEGIN
	0   :   1;
	1   :   2;
	2   :   3;
	3   :   4;
	4   :   5;
	5   :   6;
	6   :   7;
	7   :   8;
	8   :   9;
	9   :   10;
	10  :   11;
	11  :   12;
	12  :   13;
	13  :   14;
	14  :   15;
	15  :   16;
	16  :   17;
	17  :   18;
	18  :   19;
	19  :   20;
	20  :   0;
END;
```

图 5－26　MIF 文件内部数据结构

DATA_RADIX=UNS；%设置数据基值同上。

而文件中从 CONTENT BEGIN 开始的部分则是 ROM 内部地址及与地址相对应的信号幅度值，注意起始地址从 0 开始。

除了采用记事本编辑 MIF 文件的方法以外，在对 ROM 进行配置的过程中，也可以采用 Matlab 来生成 MIF 文件，这种方法更加灵活且方便。下面以生成一个 14 位的 MIF 数据为例，实验者可以参考如下的 Matlab 脚本，并根据自己的实际需要加以修改：

```
F1=1; %信号的频率
Fs=2^14;%采样频率
P1=0;%信号初始相位
N=2^14;%采样点数为 N
t=[0:1/Fs:(N-1)/Fs];%采样时刻
ADC=2^13 - 1;%直流分量
A=2^13;%信号幅度
s=A * sin(2 * pi * F1 * t + pi * P1/180) + ADC;%生成信号
plot(s);%绘制图形
fild = fopen('d:/Rom_test.mif','wt');%创建 mif 文件
%写入 mif 文件文件头
fprintf(fild, '%s\n','WIDTH=14;');%位宽
fprintf(fild, '%s\n\n','DEPTH=16384;');%深度
fprintf(fild, '%s\n','ADDRESS_RADIX=UNS;');%地址格式
fprintf(fild, '%s\n\n','DATA_RADIX=HEX;');%数据格式
fprintf(fild, '%s\t','CONTENT');%地址
fprintf(fild, '%s\n','BEGIN');%
for i = 1:N
    s2(i) = round(s(i));   %对小数四舍五入以取整
    if s2(i) <0    %强制将负 1 置 0,
      s2(i) = 0
    end
    % addr  :  data;
    fprintf(fild, '\t%g\t',i-1);%地址，从 0 开始编码
    fprintf(fild, '%s\t',':');
    fprintf(fild, '%x',s2(i));
```

```
        fprintf(fild, '%s\n',';');
    end
```

如果想生成其他深度和位宽的数据，只需要相应地修改采样频率(Fs)、采样点数(N)、直流分量(ADC)和信号幅度(A)这些参数即可。通过运行脚本即可生成所需要的正弦波数据，并在电脑的 D 盘根目录生成一个名为“sin14bit_16384 . mif”的文件。

(2)QuartusⅡ下实现 ROM 步骤。

1)选择菜单栏中的 tools，在下拉菜单下选择【MegaWizard Plug】→【IN Manager】:，这些模块的配置在 tools 菜单中的 IP Catalog 下可以找到，操作过程如图 5-27 所示。

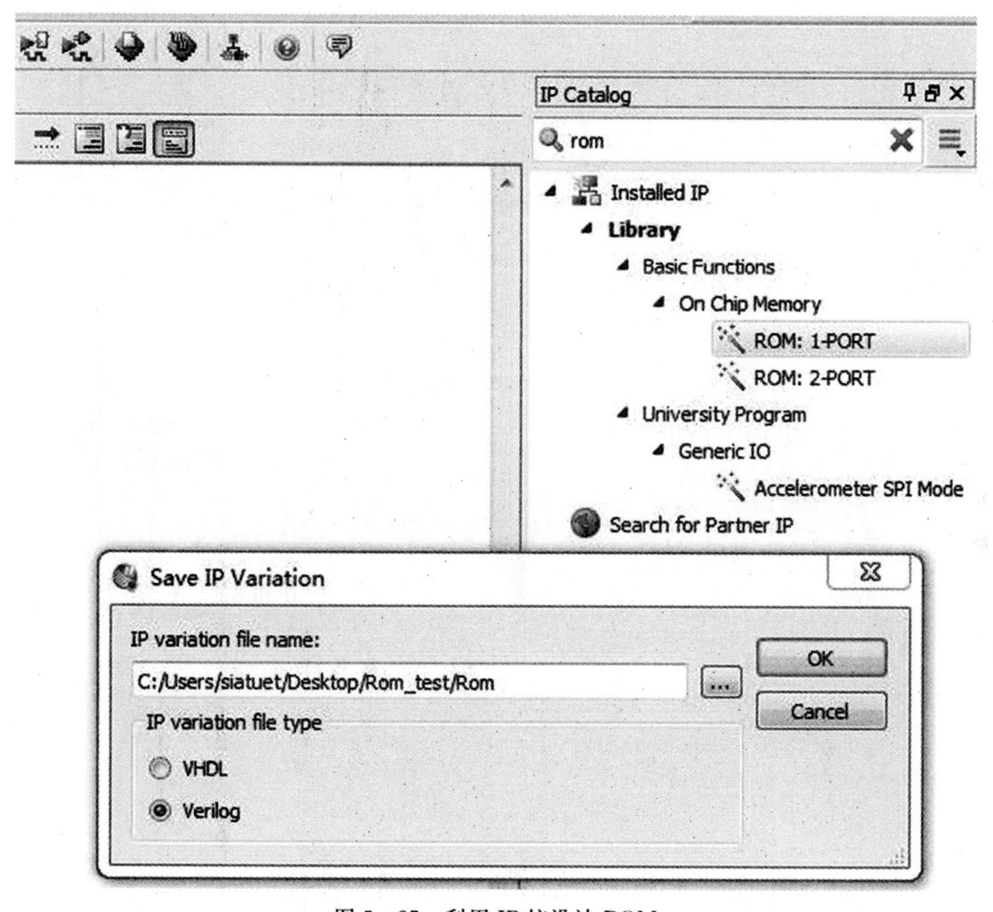

图 5-27　利用 IP 核设计 ROM

2)选择好单通道的 ROM 的字宽(存储器的横向宽度 WIDTH)和字数(存储器的纵向宽度 DEPTH)，如图 5-28 所示。

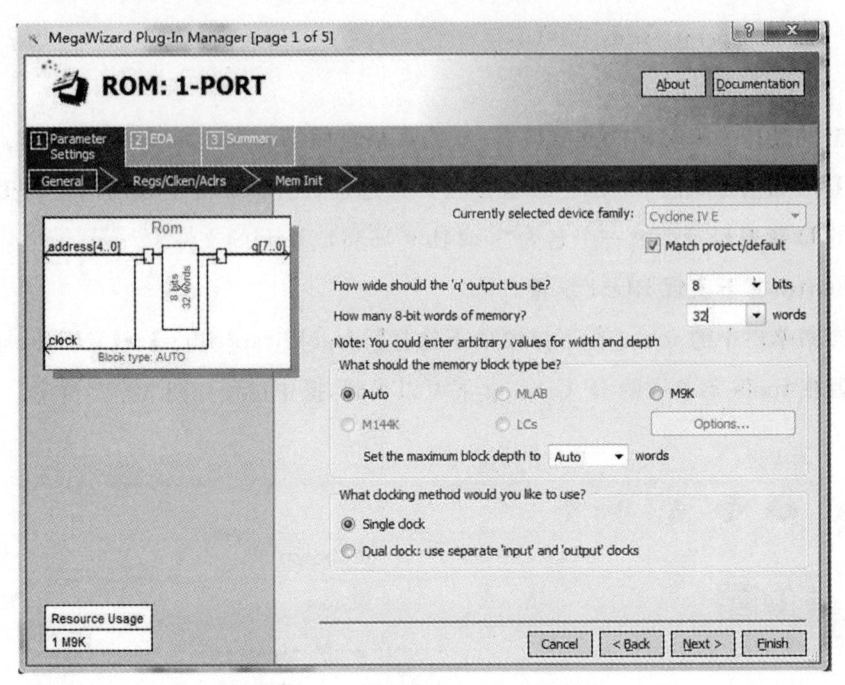

图 5-28　设置 ROM 位宽与字数

3)在选择哪些通道需要寄存器时，默认选择‘q’output port(q 输出通道)就可以，选择界面如图 5-29 所示。

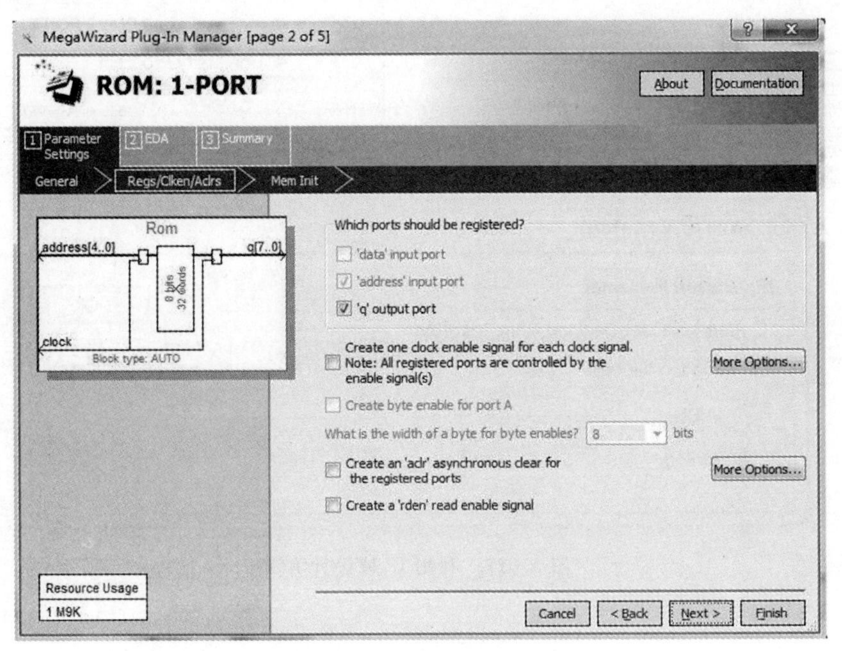

图 5-29　选择通道寄存器

4)利用 Brower 选择已经通过前述步骤所生成的 MIF 文件，作为 ROM 的初始化配置数据，配置操作如图 5-30 所示。

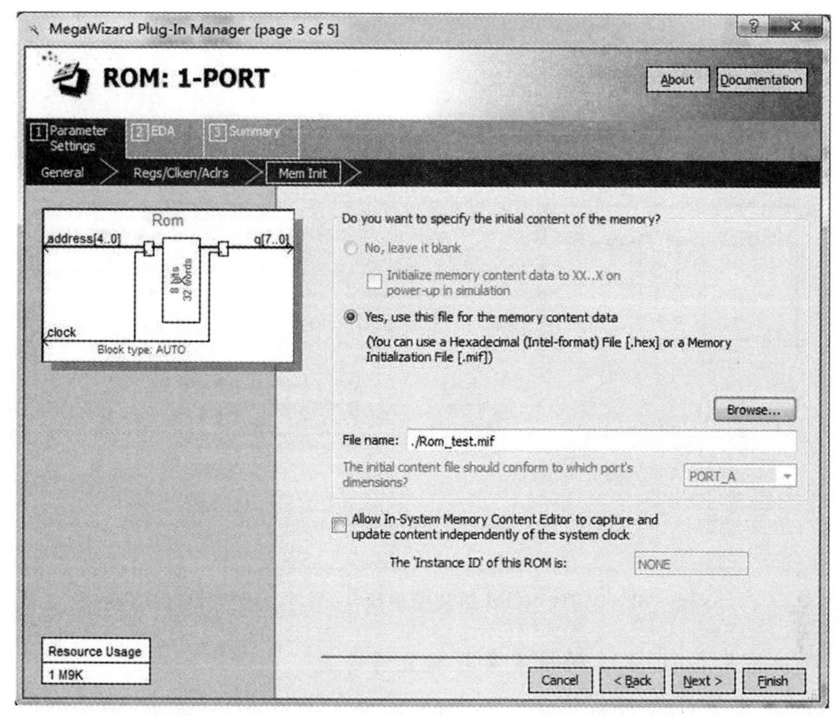

图 5-30　利用 Browser 选择 ROM 初始化文件

5)为 ROM 仿真需要加入 Altera 的仿真模型文件,如图 5-31 所示,随后将完成 ROM 的配置工作,如图 5-32 所示。

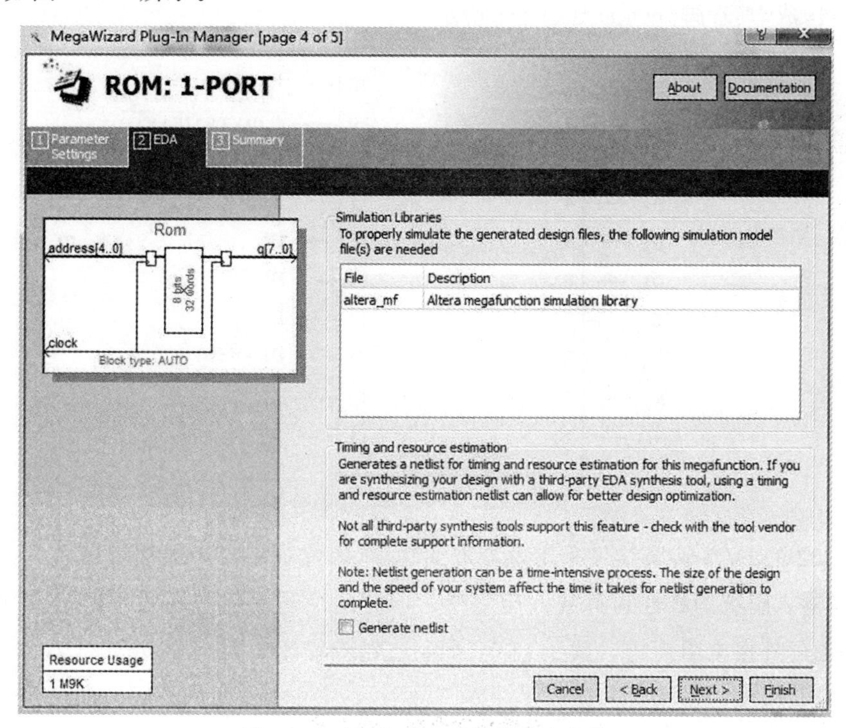

图 5-31　加入 Altera 的仿真库文件

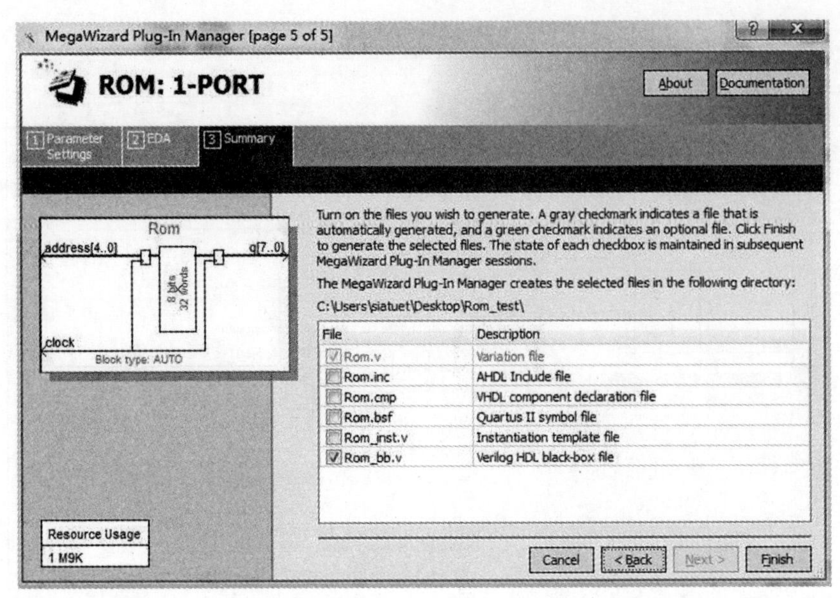

图 5-32　完成 ROM 的初始化操作,并生成相关设计文件

2. 数模转换芯片 DAC0832 的技术参数及使用方法

DAC0832 是 8 位 D/A 转换集成芯片,其逻辑输入满足 TTL 电平,因此可直接与 TTL 电路或微处理器相连。DAC0832 芯片具有接口简单、转换控制容易等优点,在单片机应用系统中得到广泛应用。D/A 转换器由 8 位输入锁存器、8 位 DAC 寄存器、8 位 D/A 转换电路及转换控制电路构成,其管脚分配如图 5-33 所示。

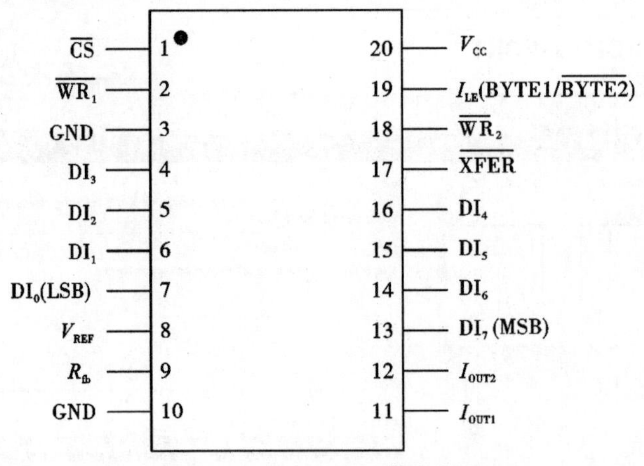

图 5-33　DAC0832 管脚分配

DAC0832 的 D/A 转换结果采用电流形式输出,因此若需要产生相应的模拟电压信号,可通过一个高输入阻抗的线性运算放大器实现。运放的反馈电阻可通过 RFB 端使用芯片内的固有电阻,也可外接电阻使用。属于 DAC0832 系列的芯片还有 DAC0830、DAC0831 等,它们可以相互代换。

从图 5-34 所示的内部结构图可以看到 DAC0832 是采样数据宽度为 8 位的 D/A 转换芯

片，在集成电路内部有两级输入寄存器，使得 DAC0832 芯片同时具备双缓冲、单缓冲和直通 3 种输入方式，以便适于各种电路的需要（如要求多路 D/A 异步输入、同步转换等），因此 DAC0832 芯片具有灵活的工作方式，可以适用于不同应用场合。

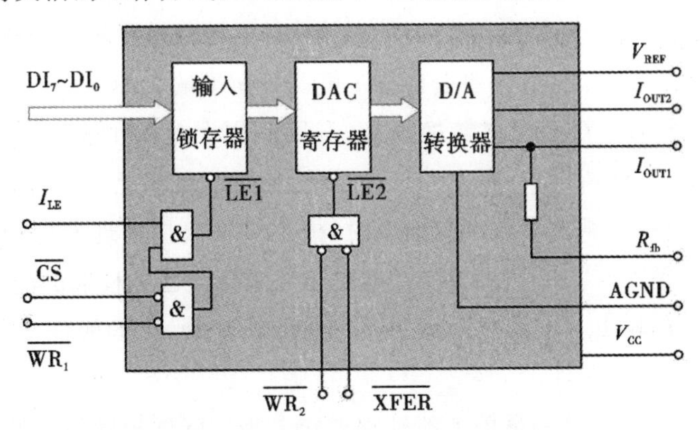

图 5-34　DAC0832 内部结构框图

DAC0832 中有两级锁存器，第一级锁存器称为输入寄存器，它的锁存信号为 ILE；第二级锁存器称为 DAC 寄存器或数模转换控制器，它的锁存信号为传输控制信号 $\overline{XFER}$。因为芯片内部有两级锁存器，DAC0832 可以工作在双缓冲器方式，即在输出模拟信号的同时采集下一个数字量，这样能有效地提高转换速度。此外，两级锁存器还可以在多个 D/A 转换器同时工作时，利用第二级锁存信号来实现多个转换器同步输出。

D/A 转换器 DAC0832 是采用 CMOS 工艺制成的单片直流输出型 8 位 D/A 转换器。基本工作原理如图 5-35 所示，它由倒 T 形 $R-2R$ 电阻网络、模拟开关、运算放大器和参考电压 V_{REF} 四大部分组成。

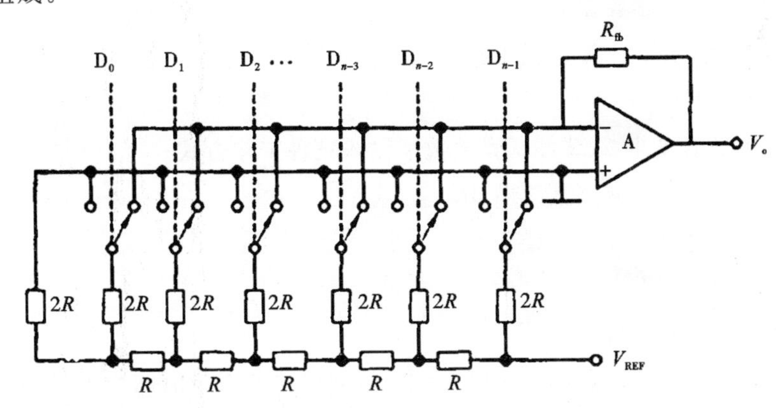

图 5-35　DAC0832 内部倒 T 形 $R-2R$ 电阻网络、模拟开关

衡量 D/A 器件的主要参数如下。

(1) 分辨率。分辨率反映了输出模拟电压的最小变化值。其定义为输出满刻度电压与 2^n 的比值，其中 n 为 DAC 的位数。分辨率与输入数字量的位数有确定的关系。对于 5 V 的满量程，采用 8 位的 DAC 时，分辨率为 5 V/256＝19.5 mV；当采用 10 位的 DAC 时，分辨率则

为 5 V/1 024=4.88 mV。显然,DAC 的数据位数越多,则其数模转换的分辨率就越高。

(2)接口形式。接口形式是 DAC 输入/输出特性之一。其包括输入数字量的形式——十六进制或 BCD 码,以及输入端是否带有锁存器等。

(3)转换精度。如果不考虑 D/A 转换的误差,DAC 转换精度就是分辨率的大小,因此,要获得高精度的 D/A 转换结果,首先要选择有足够高分辨率的 DAC。

D/A 转换精度分为绝对和相对转换精度,一般是用误差大小表示。DAC 的转换误差包括零点误差、漂移误差、增益误差、噪声和线性误差、微分线性误差等综合误差。

绝对转换精度是指当满刻度数字量输入时,模拟量输出接近理论值的程度。它和标准电源的精度、权电阻的精度有关。相对转换精度是指在满刻度已经校准的前提下,整个刻度范围内,对应任一模拟量的输出与它的理论值之差。它反映了 DAC 的线性度。通常,相对转换精度比绝对转换精度更有实用性。

(4)非线性误差。D/A 转换器的非线性误差定义为实际转换特性曲线与理想特性曲线之间的最大偏差,并以该偏差相对于满量程的比例加以度量。转换器电路设计一般要求非线性误差不大于±1/2 LSB。

(5)转换速率/建立时间。转换速率实际是由建立时间来反映的。建立时间是指数字量为满刻度值(各位全为 1)时,DAC 的模拟输出电压达到某个规定值(例如,90%满量程或±1/2 LSB满量程)时所需要的时间。建立时间是衡量 D/A 转换速率快慢的重要参数,很显然,建立时间越大,转换速率越低。不同型号 DAC 的建立时间一般从几纳秒到几微秒不等。若输出形式是电流,DAC 的建立时间是很短的;若输出形式是电压,DAC 的建立时间主要取决于输出运算放大器所需要的响应时间。

DAC0832 的主要参数如下:

(1)分辨率为 8 位;

(2)电流稳定时间为 1 μs;

(3)可工作于单缓冲、双缓冲或直接数字输入三种工作方式;

(4)只需在满量程下调整其线性度;

(5)单一电源供电(+5~+15 V);

(6)低功耗,20 mW。

DAC0832 管脚定义如下。

(1)D_0~D_7:8 位数据输入线,TTL 电平,数据保持的有效时间应大于 90 ns(否则锁存器的数据会出错)。

(2)I_{LE}:数据锁存允许控制信号输入线,高电平有效。

(3)CS:片选信号输入线(选通数据锁存器),低电平有效。

(4)WR_1:用于数据锁存器的写选通输入线,负脉冲(脉宽应大于 500 ns)有效。由 I_{LE}、CS、WR_1 三个信号的逻辑组合产生 LE_1,当 LE_1 为高电平时,数据锁存器状态随输入数据线变换,LE_1 信号的负跳变到达时将输入数据锁存。

(5)WR_2:DAC 寄存器选通输入线,负脉冲(脉宽应大于 500 ns)有效。由 WR_2、XFER 的逻辑组合产生 LE_2,当 LE_2 为高电平时,DAC 寄存器的输出随寄存器的输入而变化,LE_2 的负跳变时将数据锁存器的内容送入 DAC 寄存器并开始进行 D/A 转换。

(6)I_{OUT1}:电流输出端 1,其值随 DAC 寄存器的内容线性变化。

(7)I_{OUT2}:电流输出端 2,其值与 I_{OUT1} 值之和为一常数。

(8)R_{fb}:反馈信号输入线,改变 R_{fb} 端外接电阻值可调整转换满量程的精度。

(9)V_{CC}:电源输入端,V_{CC} 的范围为+5～+15 V。

(10)V_{REF}:基准电压输入线,V_{REF} 的范围为－10～+10 V。

(11)AGND:模拟信号地。

(12)DGND:数字信号地。

(13)XFER:数据传输控制信号输入线,低电平有效,负脉冲(脉宽应大于 500 ns)有效。

从前面的介绍可以看到,利用 DAC0832 进行 D/A 转换,可以采用两种方法对数据进行锁存。第一种方法是使输入寄存器工作在锁存状态,而 DAC 寄存器则工作在直通状态。具体而言,就是使 $\overline{XFER}$ 和 $\overline{WR_2}$ 都为低电平,芯片内部 DAC 寄存器的锁存选通端 $\overline{LE_2}$ 始终保持有效电平,从而保持直通状态;此外,使输入寄存器的控制信号 I_{LE} 处于高电平、片选信号 $\overline{CS}$ 处于低电平。这样,当 $\overline{WR_1}$ 端到来一个负脉冲时,数据进入输入锁存器,并且直接进入 DAC 寄存器,开始对数据的数模转换。

第二种锁存方法是使输入寄存器工作在直通状态,而 DAC 寄存器工作在锁存状态。就是使 $\overline{WR_1}$ 和 $\overline{CS}$ 为低电平,I_{LE} 为高电平,这样,输入寄存器保持直通状态;当 $\overline{WR_2}$ 和 $\overline{XFER}$ 端输入 1 个负脉冲时,使得 DAC 寄存器工作在锁存状态,提供锁存数据从而开始转换。使用者可以参考图 5－36 了解 DAC0832 与微处理器的典型连接方式,同时根据图 5－37 对于 DAC0832 工作时序的描述可以对照检查 VHDL 代码的控制方式是否正确。

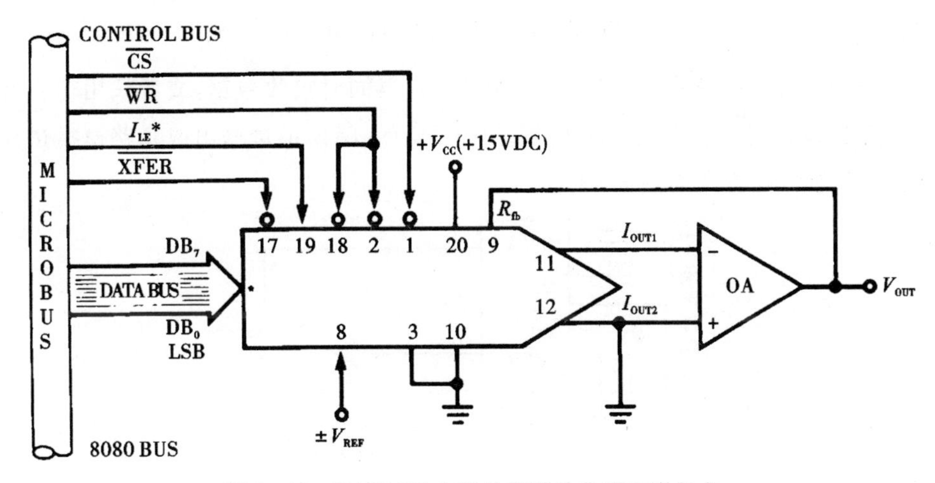

图 5－36　DAC0832 与微处理器的典型连接方式

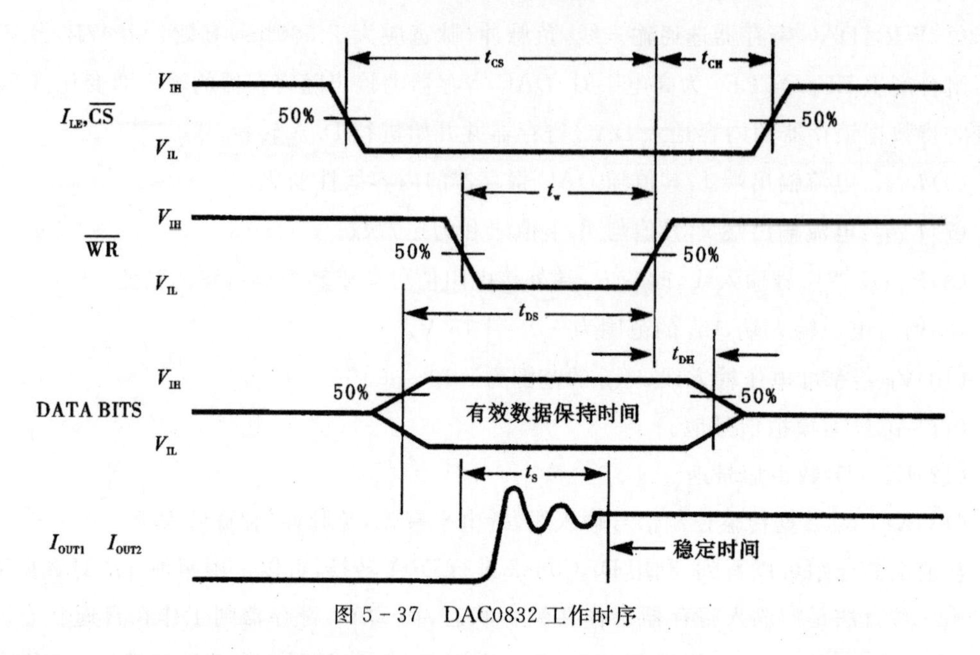

图 5－37　DAC0832 工作时序

根据对 DAC0832 的数据锁存器和 DAC 寄存器的不同的控制方式，DAC0832 有 3 种工作方式，分别为直通方式、单缓冲方式和双缓冲方式。

(1)直通方式。数据不经过两级锁存器锁存，即 $\overline{CS}$，$\overline{XFER}$，$\overline{WR_1}$，$\overline{WR_2}$ 等管脚均接地，I_{LE} 接高电平，此时 DAC0832 直接开始转换。此方式适用于连续反馈控制线路及不带微处理器的控制系统，连接关系如图 5－38 所示。

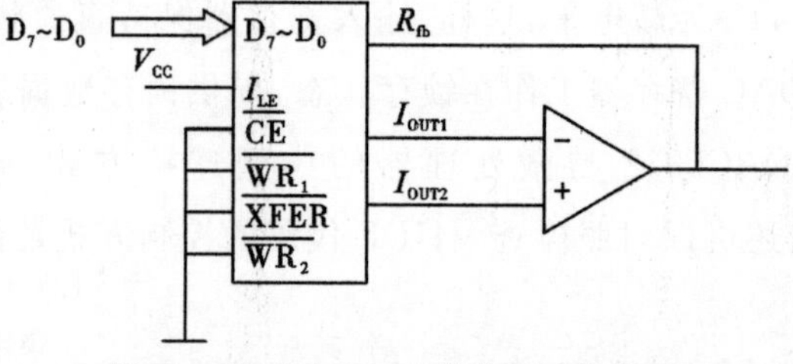

图 5－38　DAC0832 的直通连接方式

(2)单缓冲方式。控制输入寄存器和 DAC 寄存器同时接收数据，或者只用输入寄存器而把 DAC 寄存器设置为直通方式。此方式适用于只有一路模拟量输出或几路模拟量异步输出的应用场合，管脚连接方式如图 5－39 所示。

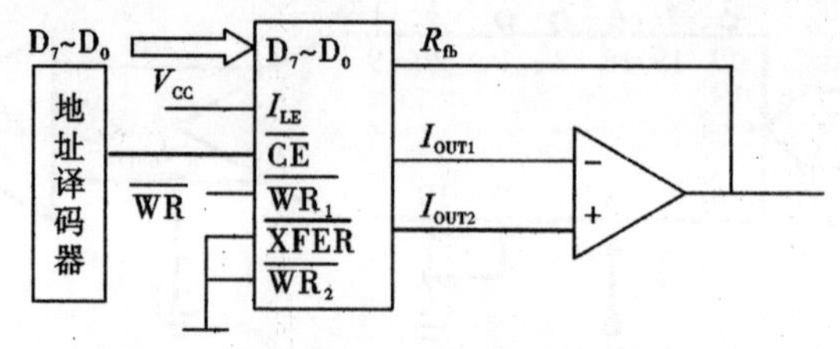

图 5－39　DAC0832 的单级缓冲连接方式

(3)双缓冲方式。先使输入寄存器接收数据，再控制输入寄存器的输出数据到 DAC 寄存器,即分两次锁存输入数据。此方式适用于多个D/A转换同步输出的场合,管脚连接方式如图5-40所示。

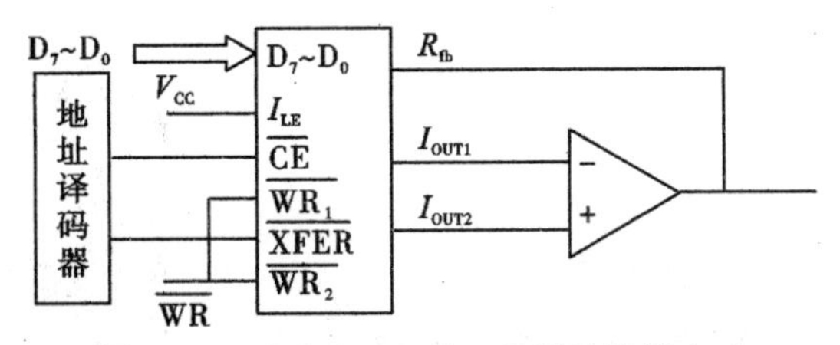

图5-40 DAC0832的二级缓冲连接方式

实验者应该根据对DAC0832技术资料及FPGA开发板的技术特点,在保证系统输出正常波形的前提下,选择具体采用何种工作模式,并在实验报告中给出理由及相关分析。

3. 集成四运放LM324的基本资料

LM324是应用范围相当广泛的高增益四运放集成电路,其管脚分配如图5-41所示。它采用14脚双列直插塑料封装,内部包含4组形式完全相同的运算放大器,除了电源共享外,4组运算放大器之间相互独立。LM324系列器件具有真正的差分输入,与单电源应用场合的其他种类标准运算放大器相比具备一些显著的优点,如LM324运放的工作电压范围宽,可以工作在低到3.0 V或者高到32 V的电源下,同时静态功耗小,可应用于电池供电的应用场合。

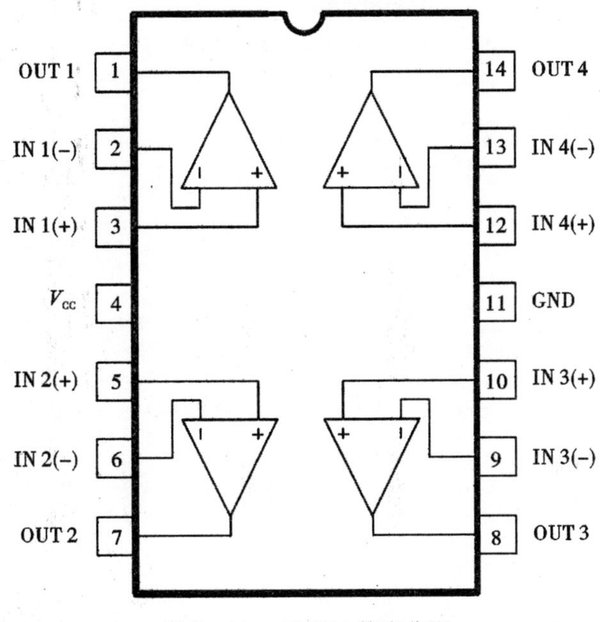

图5-41 LM324管脚分配

LM324的主要技术指标如下:

(1)内部频率补偿;

(2)直流电压增益高(约100 dB);

(3)单位增益频带宽(约1 MHz);

(4)电源电压范围宽:单电源(3～32 V);

(5)双电源(±1.5～±16 V);

(6)低功耗电流,适合于电池供电;

(7)低输入偏流;

(8)低输入失调电压和失调电流;

(9)共模输入电压范围宽,包括接地;

(10)差模输入电压范围宽,等于电源电压范围;

(11)输出电压摆幅大(0～V_{CC}－1.5 V)。

LM324 中每一组运算放大器可用如图 5－42 所示的符号来表示,它有 5 个引出脚,其中“＋”“－”为两个信号输入端,“V_+”“V_-”为正、负电源端,“V_o”为输出端。两个信号输入端中,V_{i-} 为反相输入端,表示运放输出端 V_o 的信号与该输入端的相位相反;V_{i+} 为同相输入端,表示运放输出端 V_o 的信号与该输入端的相位相同。

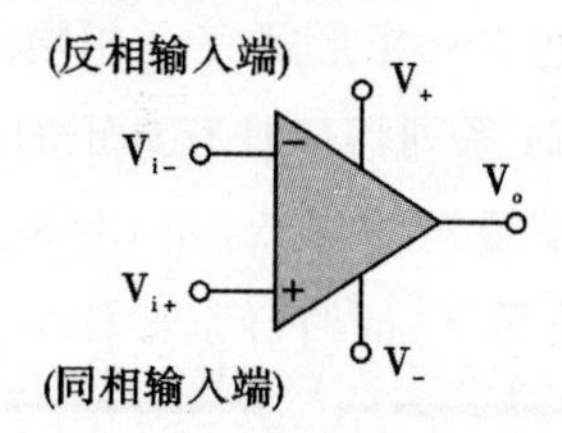

图 5－42　运算放大器输入输出管脚

第 6 章　FPGA 开发板结构与基本参数

6.1　DE0 - CV 开发板简介

DE0 - CV 是由 Terasic 公司所设计的基于 Altera 公司低功耗 Cyclone V 系列芯片的 FPGA 开发板，旨在为用户提供功能完备且可靠耐用的现场可编程门阵列系统设计与验证平台。Cyclone V 系列器件能够以最为经济的方式应用于低功耗系统设计，具有业界领先的可编程逻辑内部结构，并提供充分的系统灵活性。Cyclone V 系列 FPGA 芯片可使得系统兼具低功耗及高性能表现，目前该系列芯片在工业应用领域获得了广泛应用，使用范围包括协议桥接、电机驱动控制、采集卡设计及手持设备等诸多方面。

DE0 - CV 开发板的硬件资源包括所搭载的 USB Blaster 接口、视频输出端口、用于连接外部电路的多路 GPIO 等，因此具有良好的可扩展性。DE0 - CV 开发板作为 FPGA 设计与验证平台适用于数字系统评估、系统原型设计及演示等应用场合。DE0 - CV 开发板能够与运行 Windows XP 或者更高版本操作系统的计算机相连接。DE0 - CV 开发套件包括 DE0 - CV 开发板、5 V 直流电源及 USB 下载电缆等，开发板系统正面与背面结构如图 6 - 1 和图 6 - 2 所示。

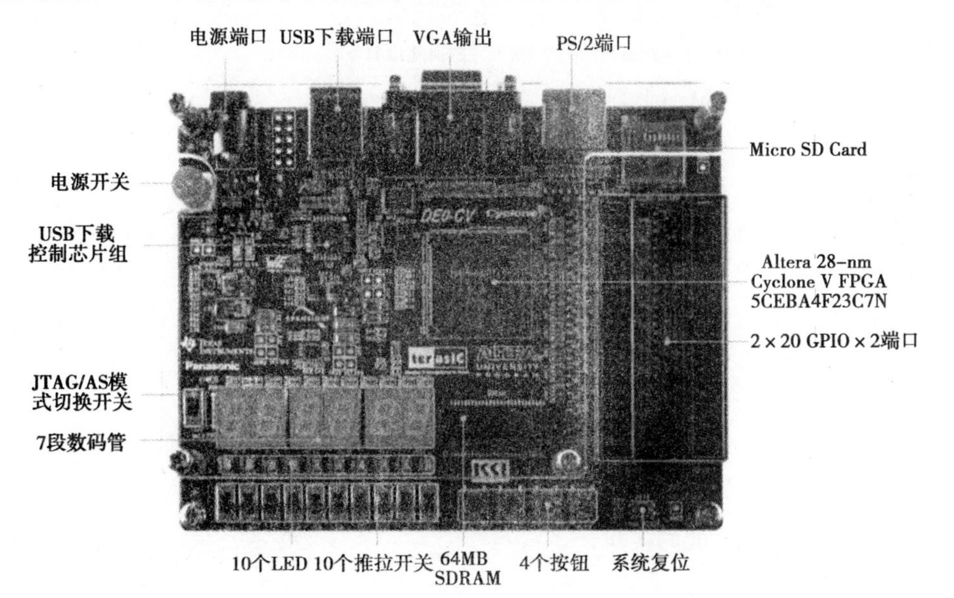

图 6 - 1　DE0 - CV 开发板系统正面

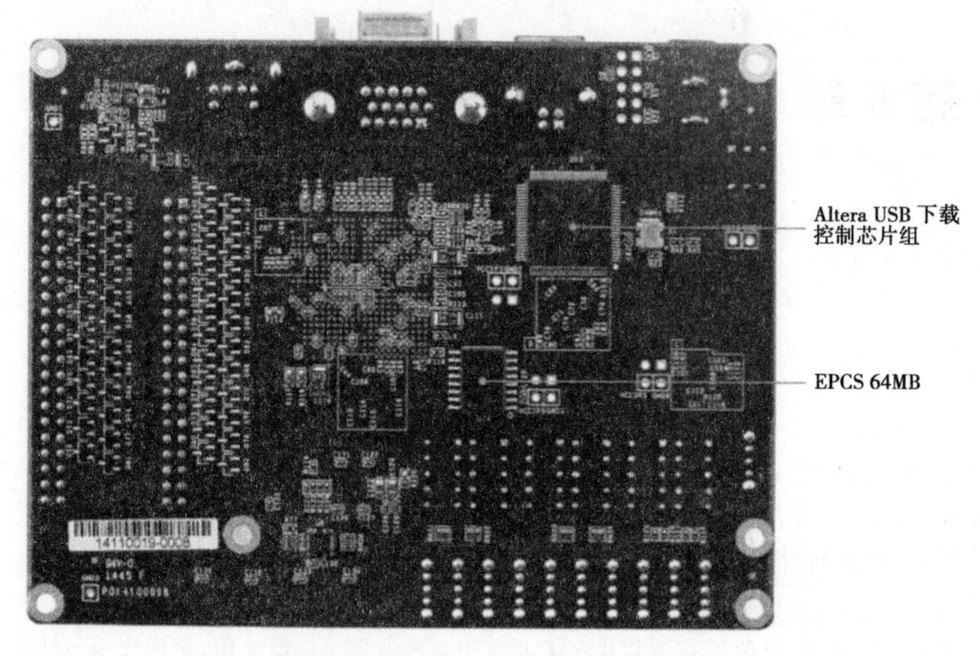

图 6-2　DE0-CV 开发板系统背面

6.1.1　DE0-CV 开发板的基本结构

开发板所使用的 FPGA 芯片型号是 Cyclone Ⅴ 5CEBA4F23C7N，该芯片内部具有 49 000 个可编程逻辑单元、3 080 Kb 的片内存储及 4 个小数分频锁相环 。

(1)开发板所搭载的配置与调试设备。

1)串行配置器件 EPCS64；

2)用于与计算机连接并下载编译后配置文件的 USB Blaster；

3)用于系统调试的 JTAG 调试接口。

(2)系统内存：具有 16 位数据总线宽度的 64 MB SDRAM。

(3)通信接口：可用于连接鼠标与键盘的 PS/2 mouse/keyboard。

(4)扩展连接：用于连接外部电路以扩展系统功能的两个 GPIO 插槽，每个插槽包括2×20 个 GPIO 针脚。

(5)显示端口：包括一个由 4 位电阻网络构成的 DAC 变换电路及一个 15 针的 D-sub 接口。

(6)存储扩展：Micro SD 插槽。

(7)滑动开关、按钮与 LED、数码管等资源。

1)10 个 LED 灯；

2)10 个滑动开关；

3)4 个具有消除抖动功能的按钮；

4)1 个系统复位按钮；

5)6 个 7 段 BCD 码显示数码管。

(8)电源:5 V直流。

6.1.2　Cyclone V开发板结构框图

如图6-3所示为开发板的系统结构框图。为了给使用者提供最大程度的设计便利性,开发板上面所有的外部资源都采用与FPGA芯片管脚直接相连的方式,因此用户可以灵活配置这些资源以完成自己的系统设计工作。

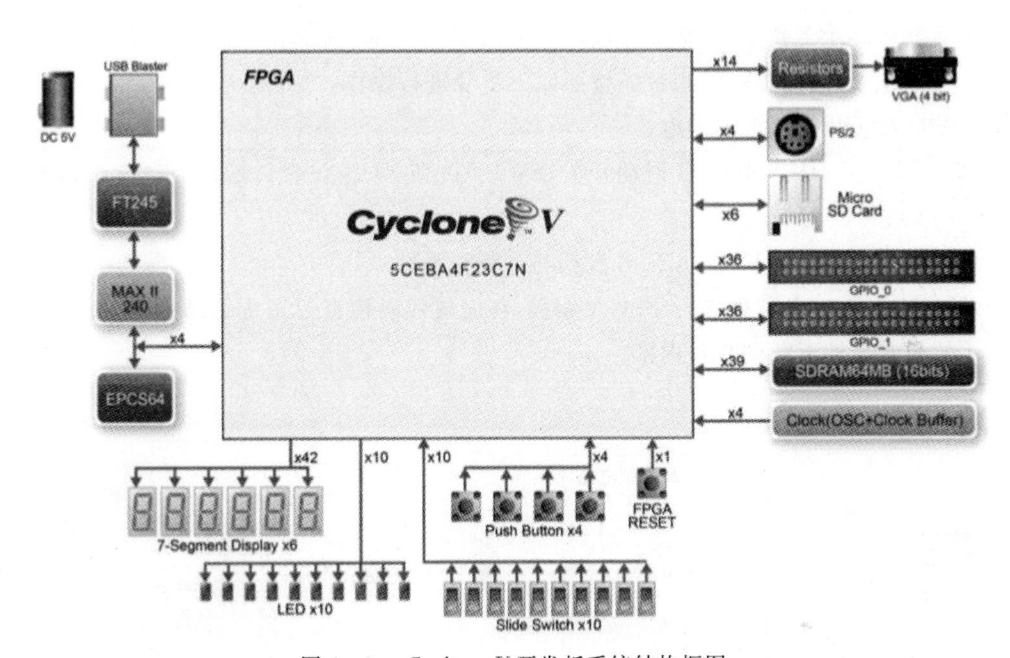

图6-3　Cyclone V开发板系统结构框图

6.2　DE0-CV开发板使用方法

6.2.1　DE0-CV开发板配置模式介绍

DE0-CV开发板使用串行配置设备以存储FPGA器件的配置信息,这些信息在开发板上电的时候会自动从配置设备中读出并加载到系统中。在使用过程中,设计者可以根据实际需求选择DE0-CV开发板的以下两种配置方法进行开发。

(1)JTAG编程模式。当采用这种模式时,配置数据的字节流将直接下载到Cyclone V FPGA内部,因此只要系统保持上电,FPGA芯片就将一直维持这样的配置状态,而当系统断电的时候配置信息将丢失。

(2)AS(主动串行)编程模式。在这种模式下配置数据字节流将被下载到Altera EPCS64串行配置芯片上,以提供非易失的数据保持特性。因此即使系统掉电,芯片配置信息也将长期保持。当开发板重新上电的时候，储存在 EPCS64 芯片上的配置信息会自动加载到 Cyclone V FPGA 中。

无论是采用 JTAG 还是 AS 编程模式，DE0 - CV 开发板都通过 USB 电缆与计算机连接。在通过 USB 方式建立连接后，利用 Quartus Ⅱ 软件可以看到开发板被计算机识别为 Altera 的 USB Blaster 设备，并为配置文件的下载做好准备。

6.2.2 JTAG 配置模式

在数字电路设计实验中，通常推荐设计者采用 JTAG 编程模式。为了将器件的配置信息下载到 Cyclone Ⅴ芯片内部，使用者应按照以下步骤进行操作：

(1)DE0 - CV 开发板正确上电；

(2)将开发板上 RUN/PROG 滑动开关(SW10)拨到 RUN 位置以配置 JTAG 编程电路模式(见图 6 - 4)；

(3)用 USB 电缆连接 DE0 - CV 开发板与计算机系统；

(4)通过 Quartus Ⅱ 软件进行 FPGA 编程，在完成代码检查并正常编译后，将所产生的后缀为.sof 的配置文件下载到芯片内部。

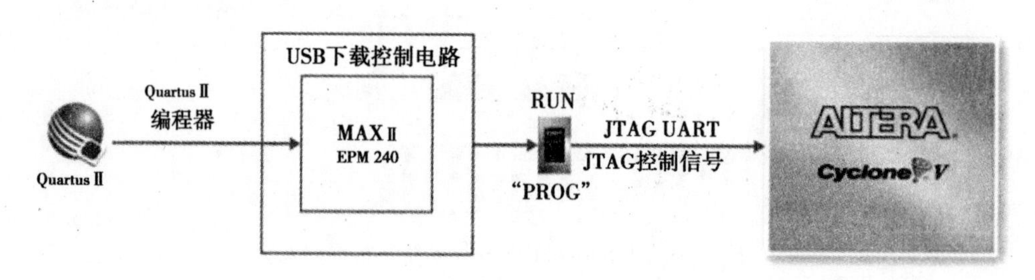

图 6 - 4　JTAG 配置模式下的操作步骤

6.2.3 AS 配置模式

图 6 - 5 显示了如何将开发板配置为 AS 模式。为了将配置数据下载到 EPCS64 串行配置芯片中，使用者需要完成以下步骤：

(1)保证开发板系统正确上电；

(2)使用 USB 电缆连接开发板与开发计算机；

(3)配置 JTAG 编程电路，并且将 RUN/PROG(SW10) 滑动开关拨动到 PROG 位置；

(4)此时 EPCS64 芯片可以通过 Quartus Ⅱ 软件进行编程配置，此时应该选择后缀为.pof 的配置文件进行下载；

(5)一旦完成编程下载，将 RUN/PROG 滑动开关拨回 RUN 位置，并且通过先断电再上电的方式重新启动开发板，这样将使已经存储在 EPCS64 芯片中的数据自动加载到 FPGA 芯片中，从而使得新配置生效。

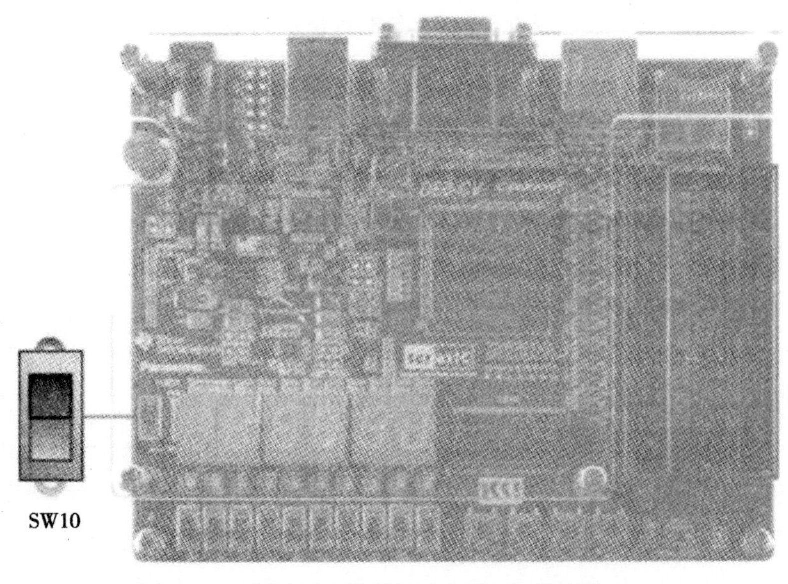

图 6－5　开发板 RUN/PROG(SW10) 滑动开关

6.3　开发板板载资源

6.3.1　开发板上 LED 状态灯列表

使用者可以通过开发板上所搭载的 LED 二极管的明暗变化来观察系统的工作状态，如图 6－6 所示，LED 的功能描述见表 6－1。

图 6－6　开发板状态灯位置

表 6-1 开发板状态灯列表

板上索引	命 名	描 述
D15	3.3 V 电源灯	当正常输出 3.3 V 电压时点亮
D16	ULED	USB-Blaster 工作状态指示灯

6.3.2 DE0-CV 开发板的按钮使用

如图 6-7 所示，DE0-CV 开发板上提供了 4 个可以由使用者自定义用途的按钮，用来完成实验中与 Cyclone V 芯片的交互操作，以及 1 个系统复位按钮。同时开发板为每个开关都使用了施密特触发器电路来消除按键的抖动，如图 6-8 所示。5 个开关分别被命名为 KEY0，KEY1，KEY2，KEY3 及 RESET_N。每个按钮在没有被按下的时候代表逻辑高电平，而当被按下的时候则输出逻辑低。由于每个按钮都可以在被按下后自动弹起，并带有消除抖动功能，所以 KEY0，KEY1，KEY2 和 KEY3 很适合用来作为电路的单次操作输入按钮，开发板按钮与 FPGA 芯片管脚的对应关系见表 6-2。

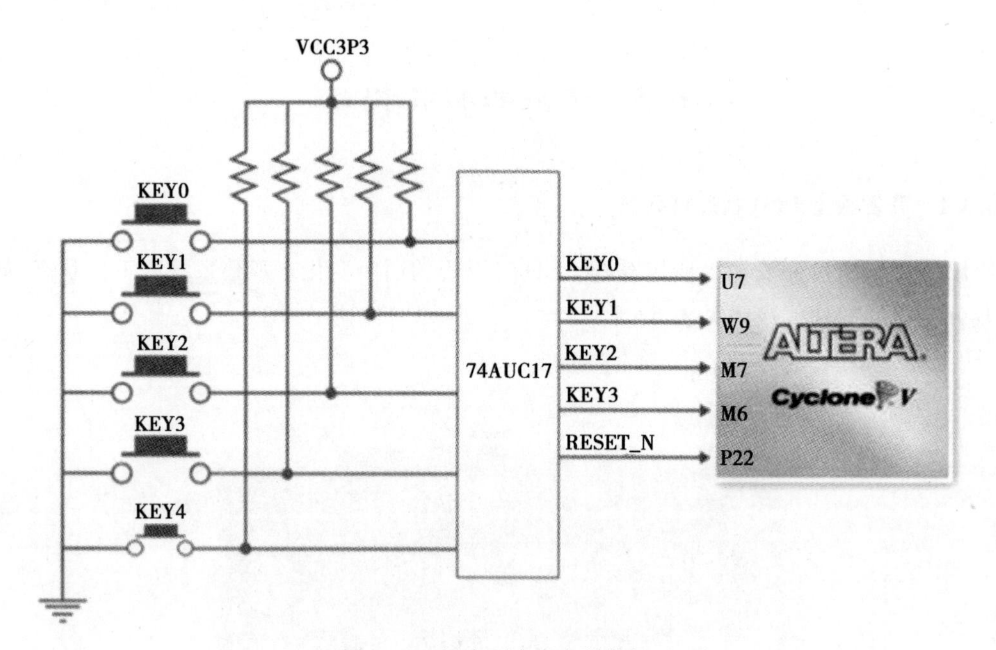

图 6-7 用户可自定义的按钮

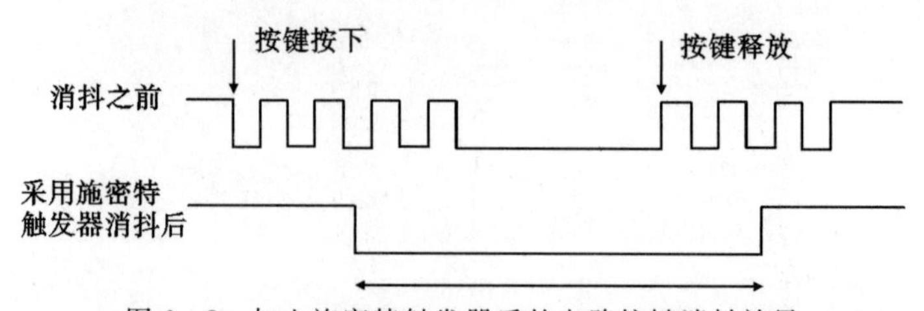

图 6-8 加入施密特触发器后的电路按键消抖效果

表 6-2　开发板按钮与 FPGA 管脚连接对应关系

名 称	管脚编号	功能描述
KEY0	PIN_U7	Push-button[0]
KEY1	PIN_W9	Push-button[1]
KEY2	PIN_M7	Push-button[2]
KEY3	PIN_M6	Push-button[3]
RESET_N	PIN_P22	Push-button which connected to DEV_CLRN PIN of FPGA

6.3.3　用户定义的滑动开关

开发板所提供的硬件资源还包括 10 个与 FPGA 芯片的管脚直接相连的滑动开关，未提供消抖功能，如图 6-9 所示。当开关位于下面的位置时为 FPGA 芯片提供逻辑低电平，而当滑动到上面的位置时则提供逻辑高电平。在被重新拨动之前，滑动开关将保持其输出状态，使用者应该注意滑动开关与按钮在功能上的差别，并根据实验要求灵活地加以选择，滑动开关与 FPGA 管脚的连接关系见表 6-3。

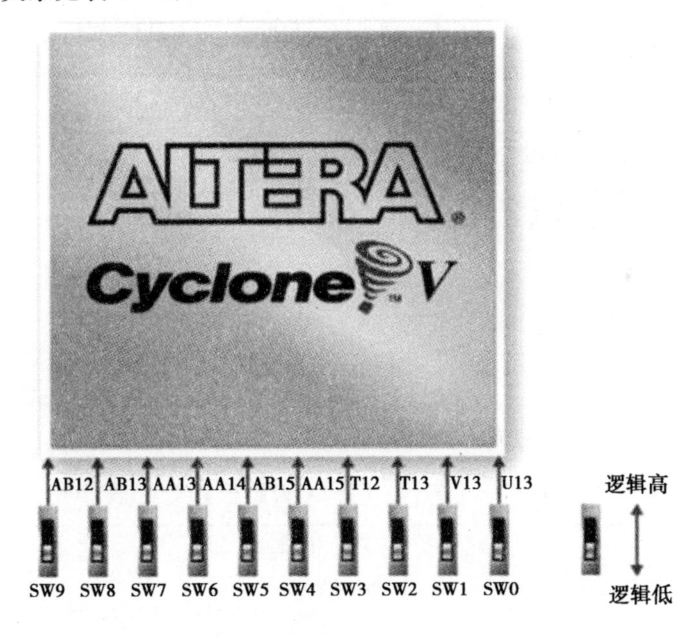

图 6-9　开发板上可由用户定义的滑动开关

表 6-3　滑动开关与 FPGA 管脚连接分配表

信号名称	FPGA 对应管脚编号	描 述
SW0	PIN_U13	Slide Switch[0]
SW1	PIN_V13	Slide Switch[1]
SW2	PIN_T13	Slide Switch[2]

续　表

信号名称	FPGA 对应管脚编号	描 述
SW3	PIN_T12	Slide Switch[3]
SW4	PIN_AA15	Slide Switch[4]
SW5	PIN_AB15	Slide Switch[5]
SW6	PIN_AA14	Slide Switch[6]
SW7	PIN_AA13	Slide Switch[7]
SW8	PIN_AB13	Slide Switch[8]
SW9	PIN_AB12	Slide Switch[9]

6.3.4　用户可自定义的 LED 灯

在开发板上还提供了 10 个与 FPGA 芯片管脚连接的 LED 灯，如图 6－10 所示。LED 灯的状态可以由用户自行控制。当 FPGA 相应管脚输出高电平的时候，LED 灯变亮；而当管脚输出低电平的时候，LED 灯熄灭。通常在实验中可以采用 LED 灯来表示 FPGA 当前的状态信息，LED 与 FPGA 芯片管脚的连接关系见表 6－4。

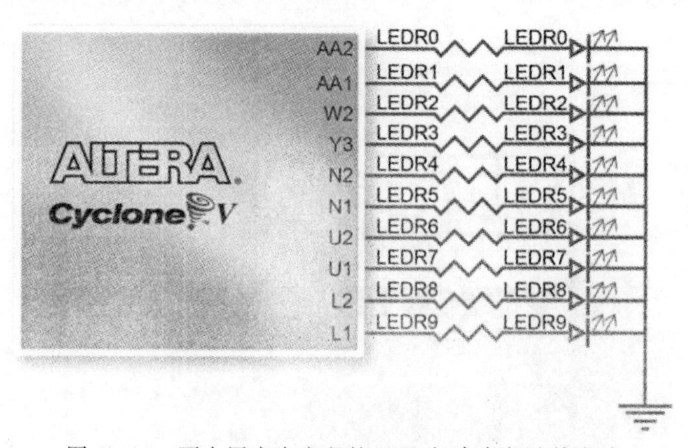

图 6－10　可由用户自定义的 LED 灯命名与连接方式

表 6－4　LED 与 FPGA 管脚连接分配表

信号名称	FPGA 对应管脚编号	描 述
LEDR0	PIN_AA2	LED [0]
LEDR1	PIN_AA1	LED [1]
LEDR2	PIN_W2	LED [2]
LEDR3	PIN_Y3	LED [3]
LEDR4	PIN_N2	LED [4]
LEDR5	PIN_N1	LED [5]
LEDR6	PIN_U2	LED [6]
LEDR7	PIN_U1	LED [7]
LEDR8	PIN_L2	LED [8]
LEDR9	PIN_L1	LED [9]

6.3.5　7 段数码管

在 DE0 - CV 开发板上还配备 6 个 7 段共阴极数码管，用来显示 FPGA 输出的 BCD 数码，图 6 - 11 显示了 7 段数码管与 FPGA 的管脚连接关系，这些数码管中的每个位段都可以单独通过切换逻辑的高低加以控制。在数码管中的每一段都可以用 0～6 来进行编号，其位段位置编号分配关系如图 6 - 11 所示，同时 FPGA 开发板上对 6 个 7 段数码管的管脚分配关系可以参考表 6 - 5 的表述。

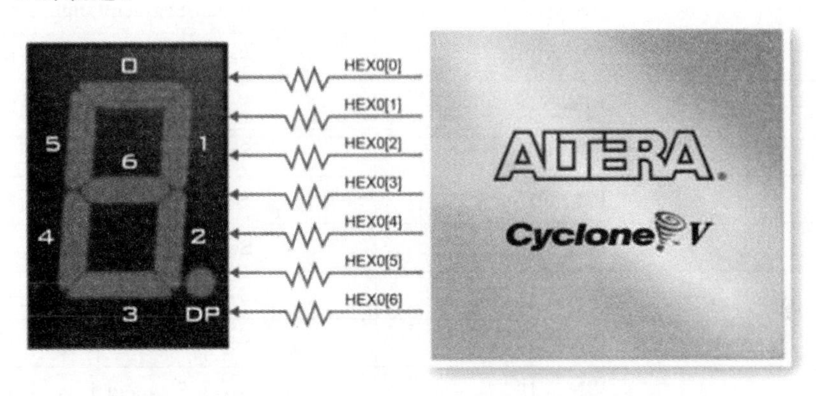

图 6 - 11　7 段数码管 HEX0 与 Cyclone V FPGA 的连接

表 6 - 5　开发板上 7 段数码管的管脚连接分配列表

信号名称	FPGA 对应管脚编号	描　述
HEX00	PIN_U21	Seven Segment Digit 0[0]
HEX01	PIN_V21	Seven Segment Digit 0[1]
HEX02	PIN_W22	Seven Segment Digit 0[2]
HEX03	PIN_W21	Seven Segment Digit 0[3]
HEX04	PIN_Y22	Seven Segment Digit 0[4]
HEX05	PIN_Y21	Seven Segment Digit 0[5]
HEX06	PIN_AA22	Seven Segment Digit 0[6]
HEX10	PIN_AA20	Seven Segment Digit 1[0]
HEX11	PIN_AB20	Seven Segment Digit 1[1]
HEX12	PIN_AA19	Seven Segment Digit 1[2]
HEX13	PIN_AA18	Seven Segment Digit 1[3]
HEX14	PIN_AB18	Seven Segment Digit 1[4]
HEX15	PIN_AA17	Seven Segment Digit 1[5]
HEX16	PIN_U22	Seven Segment Digit 1[6]
HEX20	PIN_Y19	Seven Segment Digit 2[0]

续 表

信号名称	FPGA 对应管脚编号	描 述
HEX21	PIN_AB17	Seven Segment Digit 2[1]
HEX22	PIN_AA10	Seven Segment Digit 2[2]
HEX23	PIN_Y14	Seven Segment Digit 2[3]
HEX24	PIN_V14	Seven Segment Digit 2[4]
HEX25	PIN_AB22	Seven Segment Digit 2[5]
HEX26	PIN_AB21	Seven Segment Digit 2[6]
HEX30	PIN_Y16	Seven Segment Digit 3[0]
HEX31	PIN_W16	Seven Segment Digit 3[1]
HEX32	PIN_Y17	Seven Segment Digit 3[2]
HEX33	PIN_V16	Seven Segment Digit 3[3]
HEX34	PIN_U17	Seven Segment Digit 3[4]
HEX35	PIN_V18	Seven Segment Digit 3[5]
HEX36	PIN_V19	Seven Segment Digit 3[6]
HEX40	PIN_U20	Seven Segment Digit 4[0]
HEX41	PIN_Y20	Seven Segment Digit 4[1]
HEX42	PIN_V20	Seven Segment Digit 4[2]
HEX43	PIN_U16	Seven Segment Digit 4[3]
HEX44	PIN_U15	Seven Segment Digit 4[4]
HEX45	PIN_Y15	Seven Segment Digit 4[5]
HEX46	PIN_P9	Seven Segment Digit 4[6]
HEX50	PIN_N9	Seven Segment Digit 5[0]
HEX51	PIN_M8	Seven Segment Digit 5[1]
HEX52	PIN_T14	Seven Segment Digit 5[2]
HEX53	PIN_P14	Seven Segment Digit 5[3]
HEX54	PIN_C1	Seven Segment Digit 5[4]
HEX55	PIN_C2	Seven Segment Digit 5[5]
HEX56	PIN_W19	Seven Segment Digit 5[6]

6.3.6 时钟电路

除了上述开发板所搭载的硬件资源以外，在 DE0－CV 开发板中还配置了频率为 50 MHz 的时钟电路，并且时钟通过缓冲器与 FPGA 的 I/O 管脚相连接，如图 6－12 所示。开发板中 FPGA 的 I/O 管脚与时钟输入的对应连接关系见表 6－6。

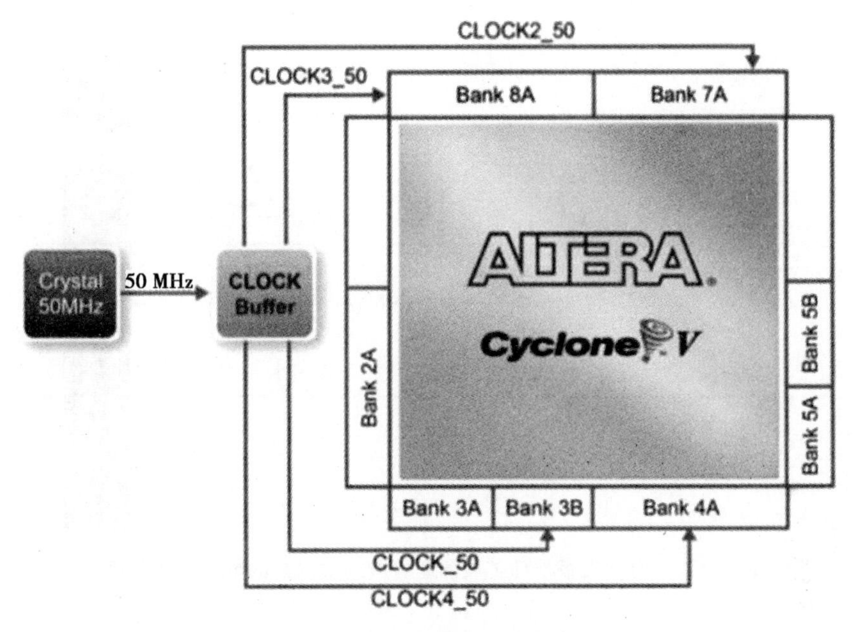

图6-12　开发板时钟电路

表6-6　开发板时钟输入对应引脚列表

信号名称	FPGA对应管脚编号	描 述
CLOCK_50	PIN_M9	50 MHz clock INput(Bank 3B)
CLOCK2_50	PIN_H13	50 MHz clock INput(Bank 7A)
CLOCK3_50	PIN_E10	50 MHz clock INput(Bank 8A)
CLOCK4_50	PIN_V15	50 MHz clock INput(Bank 4A)

6.3.7　2×20的GPIO扩展连接插座

为了能够与外部电路相互连接以进行功能扩展，开发板上还提供了2个40针的扩展插座，在每个扩展插座中除了包括直接与Cyclone V型号FPGA管脚相连接的36个针脚，同时还包括了1个直流+5 V(VCC5)、1个直流+3.3 V(VCC3.3)及2个接地管脚。根据Terasic公司的技术文档说明，扩展连接插座中的5 V及3.3 V总共可以向外部输出5 W的电功率。

在扩展插座上的每个管脚都与2个二极管及1个电阻相连，用来在外部电压过高或者过低的时候为FPGA器件提供保护手段。如图6-13所示为对于所有用户定义管脚提供保护的电路设计示意图，图6-14所示为扩展插座1的管脚排列与命名方式，图6-15所示为扩展插座2的管脚排列与命名方式，表6-7为扩展插座与FPGA器件管脚连接的对应关系。

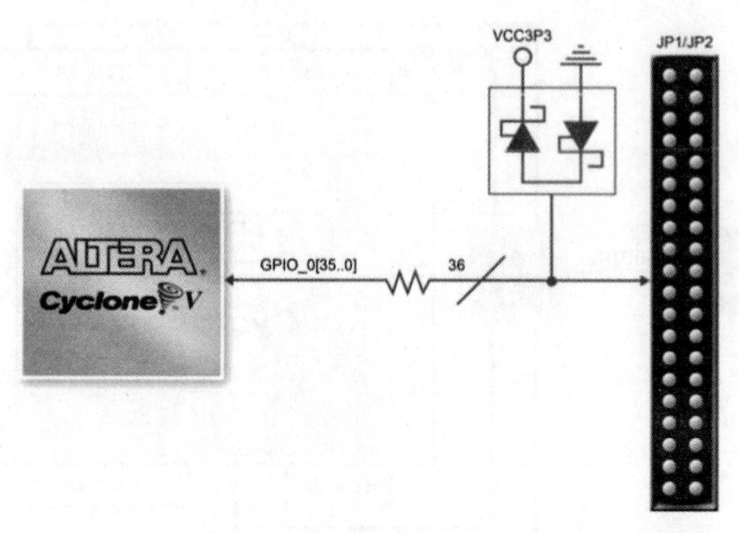

图 6-13　对开发板外部扩展插座管脚提供保护的电路设计示意图

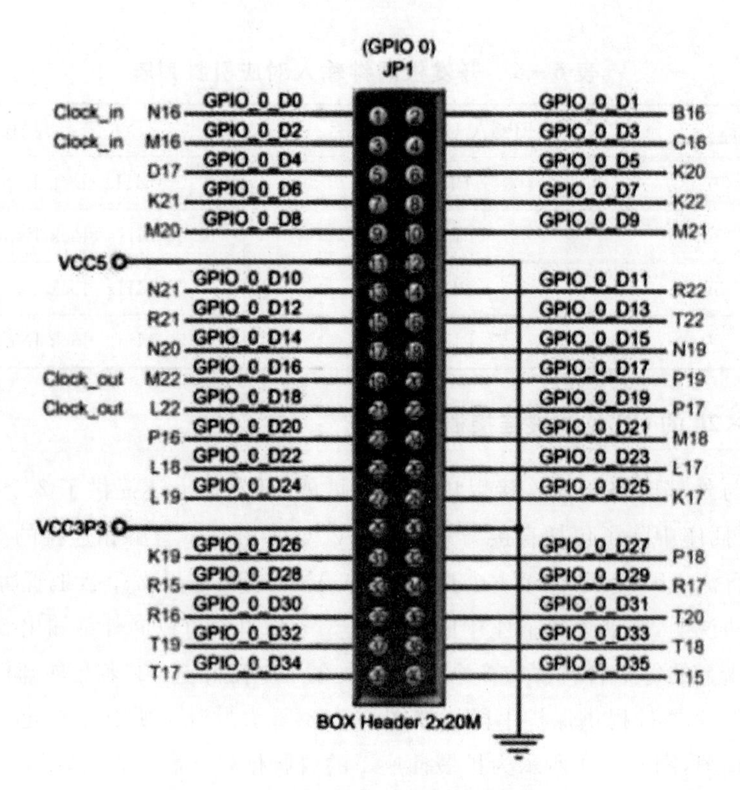

图 6-14　扩展插座 1 的管脚分布示意图

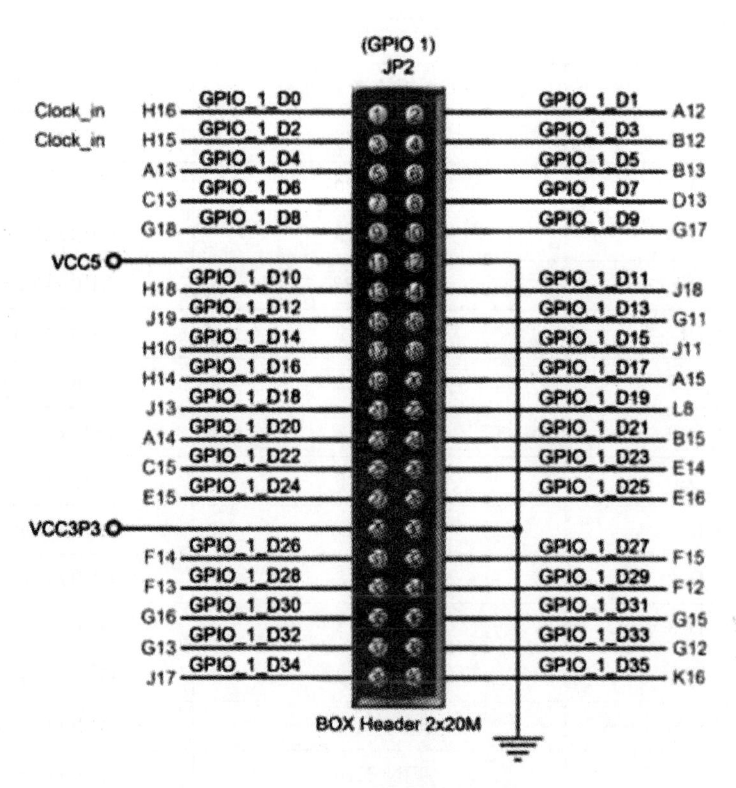

图 6－15 扩展插座 2 的管脚分布示意图

表 6－7　扩展插座与 FPGA 器件管脚连接关系对照表

信号名称	FPGA 对应管脚编号	描 述
GPIO_0_D0	PIN_N16	GPIO Connection 0[0]
GPIO_0_D1	PIN_B16	GPIO Connection 0[1]
GPIO_0_D2	PIN_M16	GPIO Connection 0[2]
GPIO_0_D3	PIN_C16	GPIO Connection 0[3]
GPIO_0_D4	PIN_D17	GPIO Connection 0[4]
GPIO_0_D5	PIN_K20	GPIO Connection 0[5]
GPIO_0_D6	PIN_K21	GPIO Connection 0[6]
GPIO_0_D7	PIN_K22	GPIO Connection 0[7]
GPIO_0_D8	PIN_M20	GPIO Connection 0[8]
GPIO_0_D9	PIN_M21	GPIO Connection 0[9]
GPIO_0_D10	PIN_N21	GPIO Connection 0[10]
GPIO_0_D11	PIN_R22	GPIO Connection 0[11]
GPIO_0_D12	PIN_R21	GPIO Connection 0[12]

续　表

信号名称	FPGA 对应管脚编号	描 述
GPIO_0_D13	PIN_T22	GPIO Connection 0[13]
GPIO_0_D14	PIN_N20	GPIO Connection 0[14]
GPIO_0_D15	PIN_N19	GPIO Connection 0[15]
GPIO_0_D16	PIN_M22	GPIO Connection 0[16]
GPIO_0_D17	PIN_P19	GPIO Connection 0[17]
GPIO_0_D18	PIN_L22	GPIO Connection 0[18]
GPIO_0_D19	PIN_P17	GPIO Connection 0[19]
GPIO_0_D20	PIN_P16	GPIO Connection 0[20]
GPIO_0_D21	PIN_M18	GPIO Connection 0[21]
GPIO_0_D22	PIN_L18	GPIO Connection 0[22]
GPIO_0_D23	PIN_L17	GPIO Connection 0[23]
GPIO_0_D24	PIN_L19	GPIO Connection 0[24]
GPIO_0_D25	PIN_K17	GPIO Connection 0[25]
GPIO_0_D26	PIN_K19	GPIO Connection 0[26]
GPIO_0_D27	PIN_P18	GPIO Connection 0[27]
GPIO_0_D28	PIN_R15	GPIO Connection 0[28]
GPIO_0_D29	PIN_R17	GPIO Connection 0[29]
GPIO_0_D30	PIN_R16	GPIO Connection 0[30]
GPIO_0_D31	PIN_T20	GPIO Connection 0[31]
GPIO_0_D32	PIN_T19	GPIO Connection 0[32]
GPIO_0_D33	PIN_T18	GPIO Connection 0[33]
GPIO_0_D34	PIN_T17	GPIO Connection 0[34]
GPIO_0_D35	PIN_T15	GPIO Connection 0[35]
GPIO_1_D0	PIN_H16	GPIO Connection 1[0]
GPIO_1_D1	PIN_A12	GPIO Connection 1[1]
GPIO_1_D2	PIN_H15	GPIO Connection 1[2]
GPIO_1_D3	PIN_B12	GPIO Connection 1[3]
GPIO_1_D4	PIN_A13	GPIO Connection 1[4]
GPIO_1_D5	PIN_B13	GPIO Connection 1[5]
GPIO_1_D6	PIN_C13	GPIO Connection 1[6]
GPIO_1_D7	PIN_D13	GPIO Connection 1[7]

续　表

信号名称	FPGA 对应管脚编号	描 述
GPIO_1_D8	PIN_G18	GPIO Connection 1[8]
GPIO_1_D9	PIN_G17	GPIO Connection 1[9]
GPIO_1_D10	PIN_H18	GPIO Connection 1[10]
GPIO_1_D11	PIN_J18	GPIO Connection 1[11]
GPIO_1_D12	PIN_J19	GPIO Connection 1[12]
GPIO_1_D13	PIN_G11	GPIO Connection 1[13]
GPIO_1_D14	PIN_H10	GPIO Connection 1[14]
GPIO_1_D15	PIN_J11	GPIO Connection 1[15]
GPIO_1_D16	PIN_H14	GPIO Connection 1[16]
GPIO_1_D17	PIN_A15	GPIO Connection 1[17]
GPIO_1_D18	PIN_J13	GPIO Connection 1[18]
GPIO_1_D19	PIN_L8	GPIO Connection 1[19]
GPIO_1_D20	PIN_A14	GPIO Connection 1[20]
GPIO_1_D21	PIN_B15	GPIO Connection 1[21]
GPIO_1_D22	PIN_C15	GPIO Connection 1[22]
GPIO_1_D23	PIN_E14	GPIO Connection 1[23]
GPIO_1_D24	PIN_E15	GPIO Connection 1[24]
GPIO_1_D25	PIN_E16	GPIO Connection 1[25]
GPIO_1_D26	PIN_F14	GPIO Connection 1[26]
GPIO_1_D27	PIN_F15	GPIO Connection 1[27]
GPIO_1_D28	PIN_F13	GPIO Connection 1[28]
GPIO_1_D29	PIN_F12	GPIO Connection 1[29]
GPIO_1_D30	PIN_G16	GPIO Connection 1[30]
GPIO_1_D31	PIN_G15	GPIO Connection 1[31]
GPIO_1_D32	PIN_G13	GPIO Connection 1[32]
GPIO_1_D33	PIN_G12	GPIO Connection 1[33]
GPIO_1_D34	PIN_J17	GPIO Connection 1[34]
GPIO_1_D35	PIN_K16	GPIO Connection 1[35]

6.3.8　VGA 接口的使用

DE0 - CV 开发板包括了一个 16 针的 DSUB 接口用以提供 VGA 输出，VGA 同步信号可以从 Cyclone Ⅴ FPGA 中直接提供，同时 VGA 接口使用了一个使用电阻网络的 4－bit DAC 变换电路用来提供红、绿及蓝色的视频信号，相关的线路连接如图 6－16 所示，它能够支持标准的 VGA 分辨率(640 像素×480 像素，在频率为 25 MHz 的时候)，对 VGA 同步的时序要求及 RGB 信号的详细资料可以从 Terasic(有晶科技)公司的网站上获得。

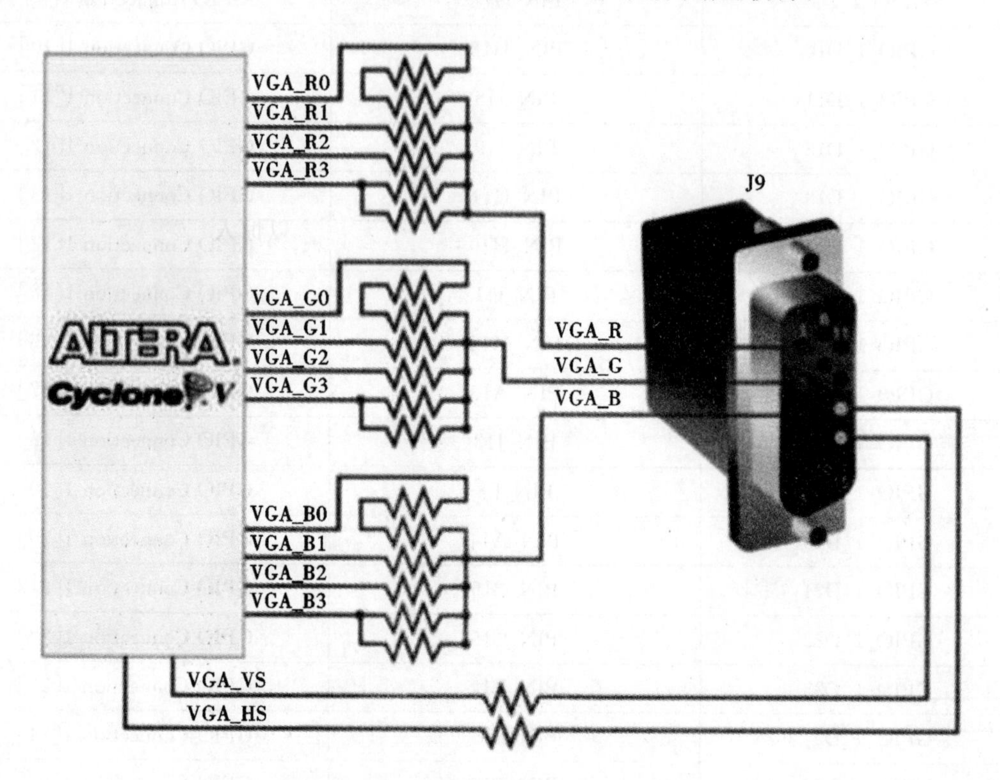

图 6－16 FPGA 与 VGA 的接口关系

后　记

可编程逻辑器件自问世以来，其开发生产和销售规模保持了以惊人速度持续增长的态势。统计资料表明，可编程逻辑器件产业的平均年增长率高达 23%以上，与此相适应，Cadence Data I/O、Mentor Graphics、ORCAD、Synopsys 和 Viewlogic 等世界各大 EDA 公司亦相继推出各类高性能 EDA 工具软件。在现代电子设计技术、半导体工艺进步等多层因素促进下，CAD、CAM、CAT 和 CAE 技术经历并发生着进一步的融合与升华，形成了功能更为强大的 EDA 和 ESDA(Electronic System Design Automation)技术，从而成为当代电子设计技术发展的主流。

面对现代电子技术的迅猛发展、高新技术日新月异的变化，以及人才市场、产品市场的迫切需求，我国许多高校迅速地做出了积极的响应，在相关的专业教学与科研领域卓有成效地完成了具有重要意义的教学改革及学科建设。例如，适用于各种教学层次的 EDA 实验室的建立，EDA、VHDL 及大规模可编程逻辑器件相关课程的设置。两年一度的全国大学生电子设计竞赛也已使用了 FPGA、CPLD 器件及与之相应的 EDA 开发系统。同时，对革新传统的数字电路课程的教学内容和实验方式做出了许多大胆的尝试，从而使得电子信息、通信工程、计算机应用和工业自动化等专业毕业生的实际电子工程设计能力、新技术应用能力及高新技术市场的适应能力都有了明显的提高。

通过本书的讨论，读者不难认识到与其他门类的知识学习相比，掌握 FPGA 技术有其自身的特点。

(1)首先需要做到基础牢固，FPGA 的基础就是数字电路和 VHDL 语言。想学好 FPGA 技术，多了解数字电路知识将有助于形成硬件设计的思路。在语言方面，初学者可以在 VHDL 和 Verilog 两种设计语言中加以选择，两者并无优劣之分。一般认为 VHDL 语言语法更为规范和严格，而 Verilog 语言较容易上手。

(2)关于 EDA 工具的选择问题，熟悉和掌握常用的设计开发环境，如 Quartus Ⅱ 或 Vivado 就可以，其使用方法基本是相通的。功能仿真建议使用 Modelsim，综合工具一般用 Synplify，而初学者可以先不用过于关注这个问题，采用 Quartus Ⅱ 进行综合就能够满足设计要求。

(3)关于硬件设计思想问题,对于初学者,特别是从软件行业转型过来的,设计的程序可能既浪费资源,同时执行速度又慢,而且甚至很有可能导致硬件无法实现,这就要求设计者熟悉一些固定模块的写法,可综合的模块在很多资料中都有介绍,不要想当然地用软件的思想去写硬件。

(4)关于学习习惯问题,FPGA 学习要多练习、多仿真,建议初学者一定要自己多动手,光看书是无法真正掌握 FPGA 设计方法的。如果需要深入了解 Quartus Ⅱ的功能,可以认真阅读软件技术手册。通常建议耐心阅读软件的英文资料,一定会从中收获很多。

(5)关于算法问题,做 FPGA 开发的工程师,最后一般都需要专攻算法,如果学习者没有做好算法理论方面的准备,对 FPGA 技术的学习将始终只能停留在初级阶段上。对于初学者而言,数字信号处理是需要深入理解的基础知识。在 FPGA 技术学习的提高阶段,不用面面俱到地学习,而是可以根据自己今后将从事的研究方向,如通信、图像处理、雷达、声呐和导航定位等领域,有针对性地阅读相关技术资料,并通过广泛的编程及测试验证工作来提高自己。

在现代电子系统设计项目中,不管是作为一名逻辑设计师、硬件工程师或系统工程师,甚至同时承担所有这些角色,只要是在任何一种高速和多协议的复杂系统中使用了 FPGA,设计者就需要努力解决好器件配置、电源管理、IP 集成、信号完整性和其他的一些关键性设计问题。因此,在 FPGA 技术的学习和应用过程中,需要充分培养全局观,并不断通过对设计指导原则和解决方案的思索和分析来提高自己的设计水平。

参考文献

[1] 侯伯亨,刘凯,鼓芯. VHDL 硬件描述语言与数字逻辑电路设计[M]. 5 版. 西安:西安电子科技大学出版社,2019.

[2] 徐惠民,安德宁. 数字逻辑设计与 VHDL 描述[M]. 2 版. 北京:机械工业出版社,2019.

[3] 王金明. 数字系统设计与 VHDL[M]. 2 版. 北京:电子工业出版社,2018.

[4] 江思敏. VHDL 数字电路及系统设计[M]. 北京:机械工业出版社,2016.

[5] 靳鸿. 可编程逻辑器件与 VHDL 设计[M]. 北京:电子工业出版社,2017.

[6] 冯福生,关凤岩. 数字逻辑与 VHDL 程序设计[M]. 北京:电子工业出版社,2012.

[7] 曾繁泰,曾祥云. VHDL 程序设计教程[M]. 4 版. 北京:清华大学出版社,2014.

[8] 赵权科,王开宇. 数字电路实验与课程设计[M]. 北京:电子工业出版社,2019.

[9] 袁东明,史晓东,陈凌霄. 现代数字电路与逻辑设计实验教程[M]. 北京:北京邮电大学出版社,2011.

[10] 徐少莹,任爱锋. 数字电路与 FPGA 设计实验教程[M]. 西安:西安电子科技大学出版社,2012.

[11] 王忆文,杜涛,谢小东. 数字集成电路设计实验教程[M]. 北京:科学出版社,2015.